原地浸出采铀井场工艺

王海峰　谭亚辉　杜运斌　苏学斌　编著

北　京

冶 金 工 业 出 版 社

2018

内 容 简 介

　　全书共分9章，主要介绍了与井场工艺相关的井型、井距的确定与应用条件、钻孔结构及成井工艺、套管与过滤器的类型及使用、监测井的作用与布置、浸出液的提升方式、浸出剂与氧化剂的类型及使用。书中对有关技术由浅入深地进行了讨论，使读者阅读本书后能对井场工艺中所涉及的基本概念、作用原理和实际应用等有基本的了解。

　　本书适用于从事原地浸出采铀研究与生产的工程技术人员阅读，也可作为大专院校采矿、地质、冶金、化工、钻探和水文地质等专业本科生及研究生的教材或教学参考书。

图书在版编目(CIP)数据

　　原地浸出采铀井场工艺/王海峰等编著. —北京：冶金工业出版社，2002.11（2018.1重印）

　　ISBN 978-7-5024-3105-1

　　Ⅰ.①原… Ⅱ.①王… Ⅲ.①原地浸出—铀矿开采—矿井开拓 Ⅳ.①TD868.31

　　中国版本图书馆 CIP 数据核字（2018）第 027531 号

出 版 人　谭学余
地　　址　北京市东城区嵩祝院北巷 39 号　邮编　100009　电话　(010)64027926
网　　址　www.cnmip.com.cn　电子信箱　yjcbs@cnmip.com.cn
责任编辑　杨盈园　美术编辑　王耀忠　版式设计　张　青
责任校对　杨　力　责任印制　李玉山
ISBN 978-7-5024-3105-1

冶金工业出版社出版发行；各地新华书店经销；虎彩印艺股份有限公司印刷
2002 年 11 月第 1 版，2018 年 1 月第 2 次印刷
850mm×1168mm　1/32；7.625 印张；204 千字；235 页
68.00 元

冶金工业出版社　投稿电话　(010)64027932　投稿信箱　tougao@cnmip.com.cn
冶金工业出版社营销中心　电话　(010)64044283　传真　(010)64027893
冶金书店　地址　北京市东四西大街46号(100010)　电话　(010)65289081(兼传真)
冶金工业出版社天猫旗舰店　yjgycbs.tmall.com

（本书如有印装质量问题，本社营销中心负责退换）

前　言

　　原地浸出采铀(地浸采铀)作为一种采矿方法的分支，从研究、开发和应用至今已有几十年的历史。在这几十年中，各国专家、学者和工程技术人员不遗余力、执著追求，使地浸采铀技术不断发展完善，也正是他们对新技术的这种锲而不舍的精神，让地浸采铀技术得以生存和发展。目前，美国、乌兹别克斯坦、哈萨克斯坦、俄罗斯、乌克兰、捷克、巴基斯坦、保加利亚、澳大利亚都在应用或曾应用过地浸技术开采铀矿床，并相继获得成功。特别是从 20 世纪 80 年代以来，受一直低迷的国际市场铀价格的影响，这一低成本的采铀方法更加受到各国经营者的青睐。近些年来，土耳其、德国、埃及、蒙古等国也都不同程度地开展地浸采铀的研究与试验。从目前国际市场铀价格的形势来分析，地浸采铀现阶段仍将是铀矿床开采的主导方法之一。

　　随着地浸采铀技术的不断成熟，其应用条件不断拓宽，初始认为不适宜地浸开采的矿床，今天也成功地进行了尝试。在开采深度上，哈萨克斯坦第六采矿公司在平均埋深 550m 的铀矿床使用地浸法开采，目前生产能力为 300t/a，矿石平均品位 0.06%，平米铀量 5kg/m^2，矿层平均厚度 6m，采用空气提升；在人工建造隔水带上，捷克 Stráž 矿床开辟了成功的先河；在地下水含盐量上，澳大利亚 Beverly 和 Honeymoon 矿山成功地在地下水矿化度高达 12g/L 和 20g/L 的条件下开采；在增大矿层渗透系数和堵塞过渗透的非矿层上，使用的水力压裂和裂隙充填方法也有较大的突破；在浸剂使用上，提出了中性浸出，并积累了生产经验；在成井工艺上，逆向注浆、套管切割、过滤器更换等新技术的应用，保证了井的质量与寿命；在氧化剂使用上，展开了微生物氧化剂的研究与试验。这些无疑为地浸采铀注入了活力。

　　地浸方法不但在采铀上大有作为，而且也在其它金属矿床开采上一展身手。美国矿务局在亚利桑那州开展了地浸采铜的探索与现场试验；澳大利亚对金矿床地浸开采做了大量工作。另外，美国、法国还对花岗岩地浸进行尝试，试图突破地浸采铀仅能用于砂岩型矿床的限制。

与井场工艺比较起来，浸出液的处理技术更加成熟。因为浸出液的处理方法与堆浸、原地爆破浸出和常规开采相似，已有几十年、甚至上百年的实践与经验。而成井方法、过滤器的类型、浸出方式与浸出剂的使用、新型氧化剂的研究及地下水复原方法等井场工艺所涉及的技术虽然不乏成功的经验与实例，但仍在摸索中发展。本书针对井场工艺介绍了相关的基本概念和技术，结合实际应用讨论了一些新技术的前景。该书是较系统阐述地浸井场工艺的一部专著，是作者多年研究、开发和试验的成果。希望此书的出版能对地浸采铀技术的发展有所裨益。

本书在编写过程中，曾得到核工业第六研究所所长陈明阳的大力支持和关怀；陈祥标、王清良审阅了部分书稿，提出了宝贵意见。在此一并表示诚挚的谢意，同时，还向不辞辛苦完成本书手稿打印工作的余芸珍、万利平深表谢意。

由于编著者水平有限，本书的不妥之处在所难免，敬请同行和广大读者批评指正。

王海峰

2002 年 11 月

目　　录

1 井 型

1.1 概述

原地浸出采铀是通过钻孔工程，借助化学试剂，从天然埋藏条件下把矿石中的铀溶解出来，而不使矿石产生位移的集采、选、冶于一体的铀矿开采方法，简称地浸采铀。在地浸采铀工艺中，井型与井距是地浸开采时钻孔的布置方式，就其作用，相当于常规采矿的开拓方式。因此，我们可以把井型和井距看作是地浸法开采矿床时的开拓方式。本章主要讨论地浸采铀井型。地浸采铀抽出井与注入井在平面上的排列形式称为井型，它反映出抽出井与注入井在平面上的相对位置及分布形态，其内容包括两个方面：一是井场抽出井与注入井在平面上的相对位置关系；二是抽出井与注入井在数量上的对应关系。

井型的研究不仅关系到地浸采铀钻孔布置的几何形态，还关系到由井型所控制的地下液流运动机制和地浸过程中抽液量与注液量的平衡，后者尤为重要。抽出井与注入井的相互位置随井型的变化而变化，抽出井数量与注入井数量随井型的改变而改变，这些因素直接影响地下液流的运动动力学状态和地浸采铀工艺参数。因此，井型的研究实际上是研究砂岩型铀矿床地浸开采时井场抽液量与注液量的平衡和地下液流运移的控制等问题，对地浸铀矿床优化开采有着重要的意义。

由钻孔组成的开采单元是井场最基本，也是最主要的工艺单元，一个抽出井所开采的范围称为开采单元，由一个抽出井与周围若干个注入井组成。一个开采单元的平面形状有正方形、矩形、三角形和六角形等多种，每一种形式都各具独特的水动力学特征和操作模式。归纳起来，按开采单元的几何形态和开采单元的抽出井数量，可以把地浸矿山中所采用的井型主要分为网格式井型和行列式井型两类。

在网格式井型中，抽出井位于开采单元的中心，注入井按一定间距围绕抽出井分布，构成正方形（5点型）、三角形（4点型）或六角型（7点型）。行列式井型中的抽出井与注入井各自成行排列，沿矿体走向或倾向彼此平行分布。总之，网格式与行列式井型布置可有多种形状，因而构成了井的不同类型的排列形式。自商业性地浸采铀矿山生产以来，人们利用钻孔开采疏松砂岩型铀矿床已有30多年的历史，网格式井型和行列式井型得到了充分的利用，均取得了良好的经济效果。但是，在应用的过程中，也出现了浸出剂分配不均匀，浸出率较低等问题，一些条件复杂的矿床选择合理井型时缺乏科学的依据。因此，为了保证铀矿床能够优化开采，有必要深入研究确定合理井型的方法和各种井型的使用条件。

1.2 影响井型的因素

1.2.1 矿石渗透性

地浸采铀不能开采非渗透的矿床。矿石渗透性对单孔抽液与注液能力、溶液的运移、矿石浸出时间等有影响，它们直接影响地浸采铀井型。因此，矿石的渗透性是影响地浸采铀井型的重要因素。

矿石渗透性表示多孔介质输送液体的能力，它的好坏是用渗透系数的大小来衡量的，数值上，它表征水力梯度等于1时的渗透速度，常用单位为m/d，某些国家也使用达西作为渗透系数单位（1达西＝0.827m/d）。

对于矿石渗透性好的矿床，在合理的井距内采用网格式井型和行列式井型均可获得较高的浸出率；而对于矿石渗透性差的矿床，浸出速度慢，在同样的时间内，浸出剂所流经的范围相对较小，对于这类矿床，为了保证矿石有较高的浸出率，应选择注入井较多的井型。

根据矿石渗透性在空间上的变化，可将含矿含水层分为均质含矿含水层和非均质含矿含水层。绝大多数的地浸矿山为非均质含矿含水层。如果矿石渗透性在平面上变化较大，常称含矿含水层各向异性。一般情况下，可地浸的砂岩型铀矿床为层间氧化带成因铀矿床，这类矿床走向上与倾向上的渗透性常常不相等，浸出时选择行列式井型可有效地避免渗透速度不均的问题。当含矿含水层的渗透性在垂向上发生变化时，比较有利的情况是矿层的渗透性比围岩的渗透性好或相等，这种情况选择井型时，采用网格式井型或行列式井型均能保证矿石有效浸出；如果围岩的渗透性较矿层的渗透性好，需要采用特殊的井型(如层状井型布置)，才能保证有较高的浸出率。

1.2.2 钻孔抽液量与注液量比值

钻孔抽液量与注液量比值是地浸矿山正常运行条件下，抽出井平均抽液量与注入井平均注液量的比值。钻孔抽液量与注液量比值是地浸工艺中重要的参数之一，也是确定合理井型的重要因素。

地浸采铀的经验表明，同一钻孔的抽液量与注液量常常存在较大的差异，这与抽液与注液体系中水动力条件的差异有关。由渗透试验研究证明，钻孔抽液产生的降落漏斗比注液时产生的降落漏斗大 2～6 倍，这种差异常使得同一钻孔的抽液量比注液量大。

地浸过程中，保证整个采区的抽液量与注液量平衡是地浸采铀的基本准则。由于钻孔抽液与注液能力的不同，要求抽出井与注入井的数量也相应变化。因此，钻孔抽液量与注液量比值是选取井型的重要参数。当钻孔抽液量与注液量比值为 1∶1 时，常选择 5 点型或行列式Ⅰ井型；当钻孔抽液量与注液量比值为 2∶1 时，常选择 7 点型或行列式Ⅱ井型(详见 1.3)。

1.2.3 矿体形态

矿体形态指矿体在平面上投影的几何形状。选择合理的钻孔布置，应首先最大限度地划清矿体的几何形态，查清地下水的渗流方向，然后，从地下水动力学的角度，论证矿体外围地下水对浸出液的稀释和浸出剂的漏失问题，以保证最大限度地从地下提取有用金属和对地浸过程进行控制。毋庸置疑，矿体的平面形态对钻孔布置的影响至关重要。

当矿体宽度较大，形态较规则，各部位矿石的渗透性较均匀时，采用网格式或行列式井型均能满足地浸的要求。由于矿体的宽度较大，井型布置基本不受矿体平面几何形态的限制，按一定井型布置的抽出井与注入井比例也基本固定。所以，这类矿体的井型布置较容易，根据钻孔的抽液量与注液量比值和矿石渗透性便可进行。

矿体宽度较小，形态不规则，各部位矿石渗透性差异较大时，常采用行列式井型。行列式井型布置灵活，可以根据矿体形态的变化进行调整，管路布置也方便，是这类矿体的首选井型。

1.3 常用的井型及其主要特征

1.3.1 网格式井型

网格式井型在美国地浸矿山得到了广泛应用，近年来，哈萨克斯坦国的地浸矿山也相继采用。网格式井型主要有以下特点：

(1) 可保证浸出剂运移时流线均匀，浸出剂覆盖率较大。特别是近年来，由于钻孔结构的改进和浸出液提升设备的完善，使同等条件下抽出井的抽液能力有了较大的提高，而注入井的注液能力仍维持在原来的水平上。为了均衡井场抽液量与注液量，有必要增加注入井数量或增加注液压力。这种情况下，如采用行列式井型，因注液压力的增加，使得地浸过程中流体的运动特征更加复杂，注入井间将出现"顶撞"现象，增大了注入井间和抽出井间的溶浸死角，如图 1-1 所示。而采用网络式井型，可有效地解决溶浸死角增大的问题；

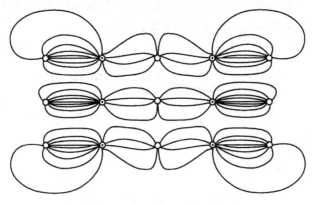

图 1-1　行列式井型的溶液流线图
⊙—注入井；○—抽出井

（2）采用网格式井型时，从抽出井抽出的浸出液是从四周补给的，注入井也被四周的抽出井包围，这可以充分避免浸出液被大量稀释和浸出剂漏失。特别是当矿石粒度、化学成分、渗透性等特征参数在平面上或剖面上的变化不大时，采用网格式井型尤为重要；

（3）网格式井型可以成功地应用于矿石的渗透系数相对均匀和形态宽大的矿体。此时，由于矿体宽大，可以保证按网格式井型布置的抽出井与注入井数的比例合适，与各种井型理论值相近。矿石的渗透系数相对均匀时，可以保证从各个方向汇集到抽出井的渗透速度基本相等。

（4）采用网格式井型的不足之处是井场地表管路的布置较复杂，当开采狭窄的矿体时，难以保证抽出井与注入井数量的比例和抽液量与注液量的比例一致。

由于在井场边缘的井不具有上述对应关系，而且，为了不稀释浸出液，井场周边通常都是被注入井包围着。因而，在实际的地浸采铀井场中，抽出井与注入井数的比例一般要小于各种井型理论上的比例。以 5 点型为例，理论上该井型抽出井与注入井数的比例为 1:1，其抽出井与注入井数的比例随抽出井数的变化关系如图 1-2[1]所示。从图中可以看出，只有当抽出井数足够大时，抽出井与注入井数的比例才接近 1:1。

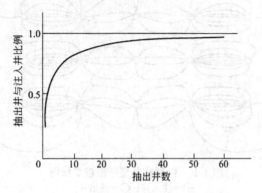

图 1-2　5 点型抽出井与注入井数比例随
抽出井数的变化

　　根据网格式井型的几何形态和抽出井与注入井的比例，可以把网格式井型分为以下几种类型：

　　(1) 4 点型。几何形态为正三角形，在该井型中，1 个抽出井对应着周围 3 个注入井，而 1 个注入井对应周围 6 个抽出井，抽出井与注入井数的比例近 2:1。这种井型主要适用于井注液量大于抽液量的矿床条件，常作为地浸采铀条件试验的井型，如图 1-3 a 所示。

　　(2) 5 点型。几何形态为正方形，在该井型中，1 个抽出井对应着周围 4 个注入井，而 1 个注入井也对应着周围 4 个抽出井，抽出井与注入井一一对应，抽出井与注入井数的比例为 1:1。这种井型主要适用于井抽液量与注液量相等的矿床条件，如图 1-3 b 所示。

　　(3) 7 点型。几何形态为六角形，在该井型中，1 个抽出井对应着周围 6 个注入井，而 1 个注入井只对应着周围 3 个抽出井，抽出井与注入井数的比例为 1:2。这种井型主要适用于井抽液量是注液量的 2 倍，含矿岩层渗透性比较均匀，矿体宽度较大（＞150m)的矿床条件，如图 1-3 c 所示。

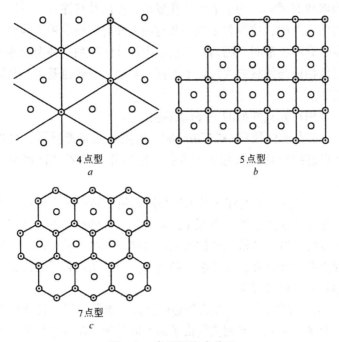

4 点型
a

5 点型
b

7 点型
c

图 1-3　常用网格式井型
⊙—注入井；○—抽出井

1.3.2　行列式井型

行列式井型在乌兹别克斯坦、哈萨克斯坦、捷克等国家得到了广泛的应用，该类井型主要特征是用一排、两排或更多排的钻孔开采矿床。这种井型在抽出井采用空气提升时有更大的优越性，因为采用空气提升时，抽出井和注入井常用相同的钻孔结构，便于抽出井与注入井交换使用。在网格式井型中，5 点型也可以采用抽出井与注入井相互交换的形式。实际上，5 点型井型从另一个角度也可以看成是一种特殊的行列式，所不同之处在于，5 点型井型中抽出井与注入井相互交错出现，每个抽注单元的形态是正方形，而在行列式井型中，抽出井与注入井往往独自成行排列，每个抽注单元的几何形态是矩形。

随着潜水泵提升的应用，抽出井的成本随钻孔直径与套管直

7

7

径的增加而增加。为了节约钻孔成本，抽出井与注入井采用了不同的钻孔结构，这限制了抽出井与注入井的交换使用。因此，潜水泵提升浸出液时，国内外地浸矿山设计的行列式井型也基本采用固定抽液与注液方式，地下液流的水动力模式也基本上是固定不变的。

采用行列式井型的主要优点有：

(1) 当矿体狭窄(<150m)时，这类井型布置灵活，可以随矿体形态的变化作出相应的变化，抽出井与注入井比例也易控制；

(2) 当抽出井与注入井采用相同的钻孔结构时，可以周期性交换抽液与注液过程，有利于提高浸出块段的浸出率，稳定浸出液铀浓度，减少清洗钻孔的次数。目前，一些地浸矿山，交换使用抽出井与注入井，改变溶液的流动方向，均取得了较高的浸出率和较好的经济效益；

(3) 井型的设计、地表管路的连接、地浸过程的检查和控制等较简单。钻孔的排列主要沿矿体倾向排列，矿体边界发生变化时，可以通过增补钻孔来保证开采井型与矿体形态相吻合；

(4) 对于矿石渗透性各向异性的铀矿床，采用行列式井型可以有效地解决浸出剂运移不均的问题。行列式井型成排排列，汇集到抽出井的溶液主要来自一个方向，而另外一个方向则因为抽出井之间(或注入井之间)的干扰而产生了屏蔽现象，该特点正好弥补矿层渗透性各向异性的问题。

行列式井型的不足之处有：

(1) 抽出井与注入井的数量比较固定，两者比值接近1:1或1:2。采用行列式井型时，钻孔的抽液量与注液量的比值可能在较大范围内波动，增大了井型布置的难度。为了保证井场抽注平衡，常常改变抽出井行井间距与注入井行井间距，这将导致抽出井与注入井的间距不相等，使地下液流的水动力学特征更加复杂，不利于矿石浸出；

(2) 采用行列式井型布置时，在矿体边缘总存在成排布置的注入井或抽出井，当这些井同时工作时，会产生类似水幕的高压区或低压区。如果矿石的渗透性较好，高压区或低压区影响的范围会很大，这将导致浸出剂大量流失到矿体边界外和浸出液铀浓度被大量地下水稀释的问题。因此，当矿体宽度小于150m时，为减少浸出剂渗漏到矿体边界外，应距边缘10～20m布置抽出井与注入井；当矿体宽度大于150m时，可以采用从中心到边缘或从边缘到中心的顺序开采。

根据行列式井型的几何形态和抽出井与注入井数的比例，可以把行列式井型分为以下类型。如图1-4所示。

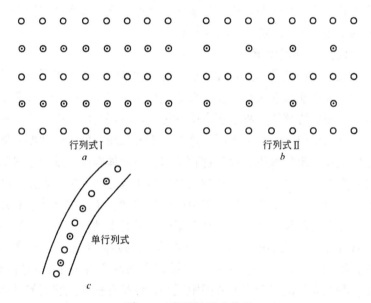

图1-4　常用行列式井型
⊙—注入井；○—抽出井

（1）行列式Ⅰ。该井型抽出井与注入井各自成排排列，抽出井间的距离和注入井间的距离基本相等，抽出井行与注入井行的距离常常大于或等于抽出井间的距离和注入井间的距离，抽注单元的几何形态是矩形，抽出井与注入井数的比例是1∶1，如图1-4 *a* 所示。

(2) 行列式 II。该井型抽出井与注入井各自成排排列，抽出井间的距离是注入井间的距离的 2 倍，抽出井行与注入井行的距离大于或等于抽出井间的距离，抽注单元的几何形态是矩形，抽出井与注入井数的比例是 1:2，如图 1-4b 所示。对于这种行列式井型，抽出井间的距离也可是注入井间距离的 1.5 倍或其它倍数，当然，这种情况下，抽出井与注入井数的比例就不是 1:2了。

(3) 单行列式。该井型适宜开采狭窄的矿体（＜50m），其特点是抽出井与注入井交错排列，井结构也相同，可以交换使用，抽出井与注入井间距不应小于矿体宽度的一半，抽出井与注入井数的比例为 1:1，如图 1-4 c 所示。

1.3.3 其它井型

地浸采铀最有利的条件是矿石的渗透性大于或等于围岩的渗透性，如果矿石渗透性与围岩渗透性比值小于 1/2~1/10 或更小时，溶浸的渗流作用将主要发生在渗透性较好的围岩中，矿石得不到有效浸出，对地浸不利。这时，需要采用较特殊的井型才能保证地浸浸出的效果。针对这种情况，独联体国家曾采用层状的钻孔布置方式来解决这个难题，并取得了较好的效果。该井型的布置特点是：抽出井与注入井沿矿层呈层状分布，抽出井过滤器安装在矿层底部的砂体中，在矿层底部砂岩中抽液，注入井过滤器安装在矿层顶部的砂体中，在矿层顶部砂体中注液，反之亦然，如图 1-5 所示[2]。图中给出抽出井与注入井的平面布置形态，看上去抽出井与注入井间距很小，可是在垂向上它们的过滤器处于不同的层段，如图 5-13 所示。层状结构的这种特点，可以使得抽出井与注入井间的水动力作用大大加强，迫使浸出剂流经矿层，提高了矿石的浸出率。

层状结构井型的主要优点是：能有效地开采矿石渗透性比围岩渗透性差的矿床。抽出井与注入井过滤器垂向上安装在矿层之外，在水力梯度的作用下，浸出剂大部分（60%～80%）将通过矿层渗滤。由于从抽出井到注入井的主要流线均通过矿层，因而浸

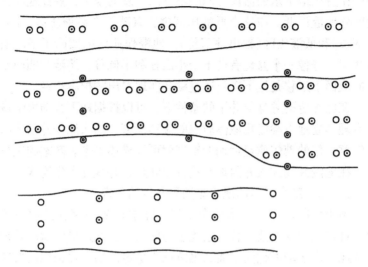

图 1-5　层状结构井型示意图

○—抽出井；⊙—注入井；◎—监测井

出剂的单位消耗量大大降低(减少了化学试剂在围岩中的消耗)，浸出液铀浓度增高，矿层开采时间加快，矿石浸出率大大提高。但是，如果矿层中存在黏土夹层、矿层厚度较小或者矿体产于含矿层的隔水顶板或底板附近时，采用该井型的浸出效果较差。

1.4　不同井型的浸出剂运移特征

1.4.1　浸出剂运移模型的基本原理

在地浸生产中，通过多个井的抽液与注液来实现浸出剂在矿层中的循环。浸出剂在矿层中的运移实际上是在多孔介质中的渗流。渗流场中的流线反映了浸出剂在含矿层中的运移状态，其运移特征主要受井型与井距及其它水文地质条件的影响。

液体能够把它受到的压强向各个方向传递，矿层中的液体只能从高压处向低压处渗透，这是地下水流动的最基本规律。当多个抽出井和注入井同时工作时，在抽液量大于注液量的条件下，地浸作业区地下水的液面是凹凸不平的，总的来讲，要比地浸作业区外的液面低。在这个低液压区内，有若干个高液压区(注入井部位)和低液压区(抽出井部位)。地浸作业区的凹凸不平的液面状况，好像一个盆地有若干个小山丘和小低谷，溶液在凹凸不平的液面下运移是地下矿石通过钻孔实现浸出的根本途径。

在已确定的井型与井距的条件下，可以根据地下水动力学基本原理建立地下渗流场液体质点的流动模型，那么地浸井场平面上任意部位的液体质点运动的轨迹就可以描述出来。基本的做法是，在地浸井场注入井附近寻找流线驻点，并从驻点作流线。

1.4.2　数学模型的建立与边界条件的处理

由于含矿含水层为承压含水层，隔水顶板与底板的倾角不大，且与上含水层或下含水层无水力联系，因此，可将地浸采铀井场地下水运动简化为平面二维承压水稳定流动。根据地浸采铀井场的水文地质条件，将边界条件简化成如下类型：

(1) 地浸作业区外，其地下水水位可认为是定值，为已知水头边界；

(2) 已知流量为 Q 的抽出井与注入井，其井壁可认为是定流量边界；

(3) 将含矿含水层作均质、各向同性、等厚处理。

地浸采铀井场二维承压水稳定流动可用如下数学模型描述：

$$T\left(\frac{\partial^2 H}{\partial X^2} + \frac{\partial^2 H}{\partial Y^2}\right) = \mu_e \frac{\partial H}{\partial t} \qquad (1\text{-}1)$$

边界条件为：

$$H(x,y)|_{x,y \in B_1} = H_0(x,y) \qquad (1\text{-}2)$$

$$T\left.\frac{\partial H}{\partial n}\right|_{x,y \in B_2} = \frac{Q}{2\pi r} \qquad (1\text{-}3)$$

初始条件为：

$$H(x,y)|_{t=0} = H_1(x,y) \qquad (1\text{-}4)$$

式中　　T——导水系数，m^2/d；

$H(x,y)$——待求水头，m；

μ_{e}——给水度；

t——时间，d；

B_1——已知水头边界；

Q——井流量，$\mathrm{m^3/h}$；

B_2——已知流量边界；

n——溶液流动的法线方向；

r——井半径，m；

H_0，H_1——边界与初始时刻的已知水头。

采用三角形单元的渗流区进行研究，在每个单元上用平面（线性函数近似值）代替水头曲面，从而得到水头函数的近似表达式。将地浸作业区的水头值按一定间隔做出水位等值线图，与水位等值线垂直的方向是地下水流动方向。

1.4.3 不同井型的浸出剂运移特征

如何使矿体各部位的矿石能同时均匀地浸出，提高浸出剂的覆盖率和金属回收率，减少溶浸死角是地浸采铀技术研究的重要内容。

从地下水动力学观点讲，浸出剂是在水力梯度作用下从注入井沿矿层向抽出井方向渗流的，如图 1-6 所示。注入井周围，由于注液压力的作用，形成了高压区，浸出剂向周围扩散；在抽出井周围，因抽液产生了水位降落，形成了降落漏斗，浸出液流向抽出井。因此，浸出剂的流经范围要比抽出井与注入井间的几何范围大。

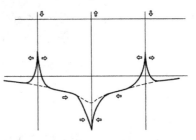

图 1-6　剖面上抽出井与注入井间水力梯度分布

不同井型抽出井与注入井在平面上的相对位置关系不同，浸出剂在平面上的分配和矿体浸出的均匀性也有所差异。采用网格式井型时，浸出剂从周边注入井沿多个（3~6 个）方向向中心抽出井渗流，如图 1-7、图 1-8 所示，这种井型能比较均匀地浸出矿体。而行列式井型的注入井行对称分布于抽出井行的两侧，浸

图 1-7　5 点型溶液流线图
⊙—注入井；○—抽出井

出剂是从两侧向中心抽出井渗流，因而这种井型对矿体浸出的均匀性相对差一些。特别是行列式 II 型，它的抽出井间距是注入井间距的 2 倍，在抽出井间必然会有相对较大范围的矿体浸出较弱，浸出率较低。因此，与行列式井型相比，网格式井型具有从边缘井到中央井间溶液流动比较均匀的优点，有利于均匀地开采矿体。

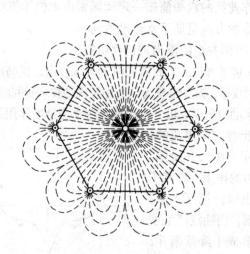

图 1-8　7 点型溶液流线图
⊙—注入井；○—抽出井

在相同的条件下，利用浸出剂运移软件的模拟，圈定不同井型的溶浸面积，可得到不同井型的浸出剂覆盖率。浸出剂覆盖率指平面上浸出剂流经矿层的面积与抽出井和注入井控制的几何面积的比值。当渗透系数为 0.5m/d，井距为 50m，各种井型浸出剂覆盖率如下：

　　　　　　4 点型　　　　　　　　　　70%

5 点型	80%
7 点型	>90%
行列式 I	80%
行列式 II	>90%
单行列式	60%

上述结果表明：在一定条件下，无论采用哪种井型，均可以获得可接受的浸出剂覆盖率，也就意味着，选择合理井型时应根据地浸铀矿床的具体条件而选择与之相适应的井型。据现有资料介绍，每种类型的井型都有其优点和不足之处，地浸矿山均有成功的应用实例，因此，在没有获得地浸采铀所需的较准确的地质、水文地质和工艺资料之前，不能轻易地评价各种井型的适宜性。

1.5 确定合理井型的原则

地浸采铀井型的确定主要根据矿体形态、单井抽液量与注液量比值、浸出剂覆盖率等，其基本原则是：

(1) 由井型所控制的抽出井与注入井数在生产过程中应保持抽液量与注液量基本平衡；

(2) 由井型所控制的浸出剂覆盖率应尽可能消灭溶浸死角；

(3) 井型布置应充分考虑矿体平面的几何形态，并保证用在相同的面积内钻孔数量最少。

为了更好地说明第三条原则，现举例如下。

如图 1-9 所示，两个矿体平面几何形态相同，且均采用 5 点型井型，井距也相同，但是，由于井型布置的方式不同，产生了不同的结果。按图 1-9 a 布置钻孔，抽出井数 14 个，注入井数 24 个，共 14 个抽注单元；按图 1-9b 方式布置钻孔，抽出井数 14 个，注入井数 27 个，共 14 个抽注单元。由此可以看出：两组井型相同，但布置的方式不同，其注入井数量发生了较大的差异。因此，井型布置是一项非常复杂的工作，即使确定了井型，也应做多种布置方案的比较。

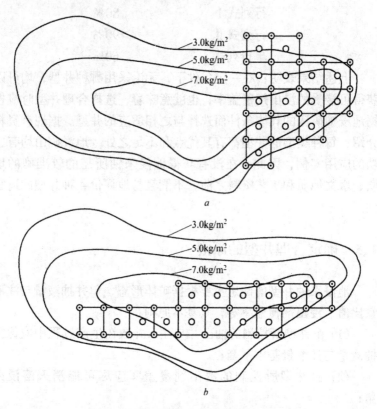

图 1-9   5 点型井型两种不同方案的对比
⊙—注入井；○—抽出井

1.6   确定合理井型的方法

地浸采铀生产应遵循的一个最基本、也是最重要的原则是保持井场抽液量与注液量基本平衡[3]。

设井场抽出井数为 $N_抽$，单井平均抽液量为 $Q_抽$；注入井数为 $N_注$，单井平均注液量为 $Q_注$。为了保持井场抽注平衡，则：

$$N_抽 Q_抽 = N_注 Q_注 \qquad (1-5)$$

由 1.3、1.4 节分析可知，5 点型和行列式 I 井型抽出井与注入井是一一对应关系，抽出井数与注入井数的比为 1:1，因此，这两种井型只适用于单井抽液量与单井注液量相等的条件。而在 7 点型和行列式 II 井型中，一个抽出井对应着两个注入井，抽出井数与注入井数的比为 1:2，因此，它们只适用于单井注液量与单井抽液量之比为 1:2 的条件。当然，正如 1.3.2 节讨论的，行列式 II 型在抽出井间距不是注入井间距 2 倍时，适用于单井抽液量与注液量之比不是 1:2 的条件。

从理论上讲，某种井型所对应的抽出井数与注入井数的比值应等于单井抽液量与单井注液量之比才能保持井场的抽注平衡。实际上，矿床地质、水文地质条件的变化是十分复杂的，井场单井注液量与单井抽液量比值也不会正好是 1:1 或 1:2。因此，选择井型时，只能选用抽出井数与注入井数之比更接近于单井注液量与单井抽液量之比的井型来布置井场抽出井与注入井。然后，在实际生产中适当调整井的抽液量与注液量大小或抽出井与注入井间距，就可以保持井场的抽注平衡。

综合考虑影响井型的因素，可以得出不同条件下选择井型的主要依据。

4 点型：常用于地浸采铀条件试验，适用于单井注液量较抽液量大的矿床，基本上不受矿体形态的限制；

5 点型：适用于单井抽液量与注液量基本相等，含矿岩层渗透性相对均匀，矿体宽度较大（≥150m）的矿床；

7 点型：适用于单井抽液量是注液量 2 倍，含矿岩层渗透性比较均匀，矿体宽度较大（≥150m）的矿床；

行列式 I 型：适用于单井抽液量与注液量相等，含矿岩层渗透性不均匀，且矿体宽度较小（<150m）的矿床；

行列式 II 型：适用于单井抽液量是注液量 2 倍（或其它倍数），含矿岩层渗透性较大但不均匀，且矿体宽度较小（<150m）的矿床；

单行列式：适用于单井抽液量与注液量基本相等，矿石渗透性较差，矿体平面形态复杂，矿体宽度狭窄(<50m)的矿床；

层状结构井型：适用于矿石渗透性与围岩渗透性比值小于1:2、矿层位于含矿含水层中部的矿床。

综上所述，选择合理井型时应遵循下面3个步骤；

(1) 分析影响井型布置的主要地质、水文地质等因素，收集井型布置所需的主要参数，包括：矿体的宽度、矿体平面形态、矿石与围岩渗透系数的比值，浸出液的提升方式，矿石渗透性，矿层在含矿含水层中的位置，单井的抽液量与注液量的比值等；

(2) 根据确定合理井型的原则与矿床的地质、水文地质条件比较，初步拟定与之相适应的井型；

(3) 利用浸出剂运移的计算机软件模拟拟定井型的浸出剂运移水动力特征，检查矿层外围地下水对浸出液的稀释和浸出剂的漏失等不利现象是否存在，保证较大限度地提取有用元素。

表1-1列举了各种井型的选择依据。这些依据只强调了井型选择时应参考的主要参数，在实际工作中，由于开采块段的条件变化，也可以考虑其它的井型布置。

表 1-1　各种井型的适用条件参考

井　型		矿体宽度/m	矿体形态	矿石渗透性/m·d^{-1}	抽液量与注液量比值	矿石渗透性与围岩渗透性比	矿层在含矿含水层中的位置	浸出液提升方式	抽出井与注入井结构
网格式	4点型		简单	>0.5	2:1	≥1:2	中下部	空气提升或潜水泵提升	相同或不同
	5点型	≥150	简单	>0.5	1:1	≥1:2	中下部	空气提升或潜水泵提升	相同或不同
	7点型	≥150	简单	>0.5	1:2	≥1:2	中下部	潜水泵提升	不同

続表 1-1

井　型		矿体宽度/m	矿体形态	矿石渗透性/m·d^{-1}	抽液量与注液量比值	矿石渗透性与围岩渗透性比	矿层在含矿含水层中的位置	浸出液提升方式	抽出井与注入井结构
行列式	行列式Ⅰ	<150	呈条带分布	>0.1	1:1	≥1:2	中下部	空气提升或潜水泵提升	相同或不同
	行列式Ⅱ	<150	呈条带分布	>0.1	1:2	≥1:2	中下部	潜水泵提升	不同
	单行列式	<50	复杂	>0.1	1:1	≥1:2	中下部	空气提升	相同
其它	层状结构		任意	>0.1	1:1	<1:2	中部	潜水泵提升	不同

1.7　地浸采铀试验常用的井型

1.7.1　地浸采铀试验阶段的划分

地浸采铀技术适用于矿石疏松、含水并具有一定渗透性能的铀矿床，它对矿床地质、水文地质条件的要求苛刻。在铀矿床进行设计和工业生产之前，还需要经过一系列综合的试验研究来保证。这些试验包括室内试验、现场条件试验和半工业性试验(或工业性试验)。

地浸采铀试验研究在不同的矿床勘探阶段其研究的任务和内容也不同。参照乌兹别克斯坦、哈萨克斯坦等国家的模式，地浸采铀试验阶段的划分可见表 1-2 。

表 1-2　地浸采铀试验阶段的划分

勘探阶段	研究目的	试验阶段	研究任务
普查评价	确定矿床初勘的可行性，说明浸出剂在矿层中渗透和浸出金属的可行性	矿石样品的实验室试验	测试含矿层中矿石和岩石样品的渗透性、矿石地浸工艺参数

勘探阶段	研 究 目 的	试 验 阶 段	研 究 任 务
初步勘探	确定矿床详细勘探的可行性，获得初步地浸工艺参数	地浸采铀条件试验(不包括浸出液的加工处理)	测试含矿层地浸工艺参数
详细勘探	为矿床的储量计算和工业开采设计获得原始数据及有关参数	地浸采铀半工业性试验(包括浸出液的加工处理)或工业性试验	测定含矿层更准确的地浸以及浸出液处理工艺参数

根据表 1-2 提出的阶段划分，地浸采铀不同试验阶段的工作目的和内容存在较大的差异，在现实工作中，这些差异将导致试验结果的差异。

通过钻孔采取的一系列岩芯样品在实验室获得矿石浸出工艺参数的试验称为室内试验，主要包括搅拌浸出试验和柱浸试验。室内试验的基本任务是确定铀矿石的浸出是否能获得较高的铀浓度，以渗透或扩散方式从矿石中浸出金属能否有高的浸出率，以及获得现场条件试验的研究方向和参数，或得出用地浸法开采前景的结论，当得到肯定结果时，就要进一步进行现场条件试验。室内试验得到的参数往往与实际情况有较大的误差，不能作为地浸开采可行性评价的依据，只能作为参考[4]。

为研究铀矿石在天然埋藏下地浸开采的可行性和摸清地浸开采条件而进行的试验称为现场条件试验。现场条件试验的主要目的是在野外条件下评价地浸工艺参数，解决半工业性试验(或工业性试验)可行性的问题，并为下一步试验研究获得必要的设计数据。在这个阶段，获得的地浸工艺参数大多是半定量的资料，一般不作为工业生产的设计依据。

在室内试验和现场条件试验取得肯定结果后，为获取地浸生产设计所需要的地浸工艺参数而进行的具有一定规模的试验称为半工业性试验(工业性试验)。半工业性试验的主要目的是进一步论证矿床地浸开采的经济合理性和技术可行性，为工业生产设计提供依据。半工业性(或工业性)试验结果往往具有一定的代表性，得到的资料可靠性高。

1.7.2 现场条件试验常用的井型

根据现场条件试验的目的和所要求取得资料的精度，现场条件试验采用的井型较简单，常为一组钻孔，由一个抽出井和周围若干个注入井组成。

最简单的现场条件试验方式是单井试验，试验时，在单个井中注入浸出剂，浸出剂沿矿层向外扩散，形成辐射状的分散液流，经过一段时间后，从该井抽出浸出液。通过分析，可以定性地了解矿石的浸出性能。这种试验方式试验结果局限性较大。首先是因为浸出剂沿矿层向外扩散中大部分浸出剂与围岩矿物反应时消耗，只有极少部分与矿石反应生成了含铀溶液，其浓度往往较低。而这部分含铀溶液在回抽的过程中存在大量地下水稀释问题，严重地影响了浸出液铀浓度的结果。其次是采用单井试验，其溶浸范围难以确定，无法获取定量的地浸工艺参数。因此，在现场条件试验中，该形式一般不被采用。

为了避免上述弊端，在较简单的现场条件试验中采用了两井法。按这种方法进行试验，需要有两个井——抽出井和注入井组成的试验单元。

采用两井试验法进行现场条件试验时，向一个井中注入浸出剂，同时从另一个井中抽出浸出液，满足了地浸采铀过程的基本工序。采用该方法进行试验可以初步计算有关的地浸工艺参数，但其缺点是计算的地浸工艺参数的精度不高。计算精度差的原因，一是由于岩石中渗透性的变化而使浸出范围难以圈定；二是由于地下水稀释问题的存在使得浸出液铀浓度值缺乏代表性。两个井试验的过程中，为了保证地下浸出在矿体一定范围内进行，常通过抽出井和注入井的流量不平衡来实现，确定钻孔间距和不平衡系数后，便可根据公式计算浸出作用发生的面积[5]。

$$F = \frac{\pi b^2 [\alpha^2 (\alpha^2 - 1) - 2\alpha^3 \ln\alpha]}{(\alpha - 1)^3} \quad (1\text{-}6)$$

式中　　F——浸出面积，m^2；

b——两井间距，m;

α——不平衡系数，>1。

两井试验时，不同 α 值所对应的溶液循环范围边界如图 1-10 所示。

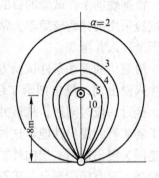

根据图 1-10 的结果，在两井法条件试验中，建议 α 系数值为4～7。为了缩短浸出时间，两个井间距为 8～15m，一般为 10m，试验时间 6～12 个月。

3 个或 3 个以上的注入井和 1 个抽出井组成试验单元在地浸采铀条件试验中最为常用。井的布置形

图 1-10　两井试验溶浸范围图
○—抽出井;⊙—注入井

式与工业开采的井型相近，即组成 4 点型井型，5 点型和 7 点型井型，如图 1-11 所示。

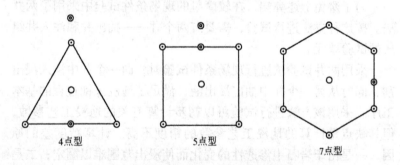

图 1-11　地浸采铀条件试验常用的井型
⊙—注入井;○—抽出井;◎—监测井

现场条件试验完成后，可以进行地浸采铀工业性试验可行性评价。在条件试验为肯定结果时，不能排除在下一步开采时出现不经济的情况。但是，在条件试验结果为否定时，就不应进行半工业性试验，而应该采用新的工艺或选择新的试验块段继续进行条件试验，或放弃用地浸开采的想法。

1.7.3 半工业性试验常用的井型

半工业性试验的任务是为地浸的设计取得浸出工艺参数和浸出液处理的工艺参数。因此，在半工业性试验中，应包括地下浸出和浸出液处理两个单元。

一般情况下，半工业性试验有一定的规模，井型的布置方案应尽可能与研究对象的开采方案相近，才能减少半工业性试验与大规模的生产之间的误差，保证获得资料的准确性。

半工业性试验中既经济又能获得定量资料的井型布置是由 3 排井组成的浸出单元，如图 1-12 所示[2]。这种布置在乌兹别克斯坦、哈萨克斯坦等国家的地浸半工业性试验中得到了广泛的应用。

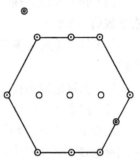

图 1-12　3 排钻孔组成的
浸出单元
⊙—注入井；○—抽出井；
◎—监测井

图 1-12 采用的井型是由 3 个抽出井和 8 个注入井组成的试验块段，中间一个抽出井与周围的注入井一起组成了几乎不被地下水稀释的中心浸出单元。周围两个抽出井不同程度地受到地下水的稀释，形成了浸出剂屏障，保护了中间抽出井。在抽液量与注液量比值固定的情况下，中心浸出单元的水动力范围是不变的，浸出面积可看成恒定值。因而，采用中心浸出单元的浸出数据来计算试验块段的地浸工艺参数，其精度可以满足地浸设计的要求。

如果对铀矿床(或矿段)已经具有成熟的地浸生产经验，上述 3 排井组成的浸出单元所取得的结果可以直接作为工业开采设计的依据。但是，如果是一种新类型的矿床或一项新的工艺，尚缺乏成熟的生产经验或工艺技术未得到大规模生产的验证。这时，半工业性试验尚需扩大到一定的生产规模，进行必要的工业性试验，以尽可能地减少各项技术经济指标因工业性生产规模的扩大而引起的误差。

工业性试验按一定的井型布置井后，在试验过程中主要研究以下内容：

（1）获得更加准确、可满足生产设计所需要的地浸工艺参数和经济指标；

（2）验证地浸采铀条件试验或半工业性试验中获得的地浸工艺参数的可靠性；

（3）验证地浸采铀工业性试验所采用的工艺技术和装备的可行性；

（4）积累地浸采铀生产管理经验；

（5）技术经济评价。

通过上述工作，地浸采铀井型应该得到了较好的验证，可以在地浸采铀工业生产中应用。

1.7.4　勘探孔对试验中井型布置的影响

在地浸采铀条件试验、半工业性试验和工业性试验布置井时，有时会利用勘探时遗留的勘探孔。在生产探矿期间，特别在矿块边缘部位，根据生产与勘探相结合的方针边探边采，将有一定数量的勘探孔变为生产井。积累的经验表明，勘探孔既起勘探作用又起生产作用，主要有以下优点：

（1）利用勘探孔资料设计井结构时有较充分的依据，同时可与原地质资料对比；

（2）可避免抽出井或注入井施工过程中未见矿；

（3）勘探孔施工时连通了含矿含水层与其它含水层的水力联系，在原勘探孔没有封孔的情况下，溶液易沿勘探孔通道漏失，而利用勘探孔，封孔后可以减少溶液向其它含水层流失；

（4）可以节省勘探孔的填埋费用。

利用勘探孔作为生产井，主要有以下缺点：

（1）由于勘探孔成孔后停留时间长，部分孔孔内已坍塌，因而在扩孔时易出现卡钻、与原勘探孔发生错位等不利现象，钻孔质量得不到保证，给后期生产带来不利。另据调查，钻孔施工队伍大都不愿在原有勘探孔的基础上成井；

（2）由于勘探孔与地浸钻孔的要求不同，如果按原勘探孔施工成地浸抽出井或注入井，可能导致地浸钻孔偏斜过大，引起井间实际的距离与设计的井距有一定的误差，也可能因勘探孔采用浓泥浆钻进造成矿石渗透性减小；

（3）由于勘探网度比较规则，为了充分利用勘探孔，从而限制了井型的布置，易产生溶浸死角。

因此，权衡利用勘探孔作生产井的利弊，我们认为，在钻孔布置过程中利用原有勘探孔应慎重。但在生产探矿时，应尽可能地采探相结合，减少施工中出现抽出井或注入井未见矿的数量。

1.8 井型的应用

美国除了在少数矿体形态特殊的矿块上使用过其它井型外，绝大多数地浸铀矿山都使用网格式井型。Christensen 地浸矿山最早的井场设计采用 5 点型井型，每个采区大约由 35 个抽出井和 45 个注入井组成，每个井单独与井场中心的集控室相连，每个浸出单元形态规则。近年来，虽然 5 点型井型仍是该地浸矿山的主要井型，但为了适应矿体形态的变化，在矿体边缘也采用了包括行列式井型在内的其它井型。Highland 地浸矿山位于美国怀俄明州 Casper 市东北约 100km 处，矿区面积 $6.275 \times 10^7 m^2$，矿石渗透性 $0.5 \sim 2.0 m/d$。该矿山大部分的井型是常规的 5 点型，但根据矿体的几何形状，有时也采用 7 点型和 4 点型井型，在宽的或盘旋状的矿体上常布置数组井，在狭长的矿体区段上按行列式井型布置几排井。当矿体很窄时，注入井与抽出井布置在一条线上，其功能可以相互交换，即单行式井型。Smith Ranch 地浸矿山在现场条件试验、半工业性试验和工业生产中均采用 5 点型井型。Crow Butte 地浸矿山井型为 5 点型、7 点型和单行列式。

乌克兰、哈萨克斯坦、乌兹别克斯坦和俄罗斯等国家用地浸法开采疏松砂岩型铀矿床时，使用过的井型种类很多，在 20 世纪 70 年代曾用过 5 点型进行地浸采铀试验，但大规模的地浸采铀生产使用行列式井型,行列式井型的优越性在这些国家得到了充分的体现。然而,20 世纪 90 年代哈萨克斯坦 Чиль 矿山也采用网格式井型,如 7 点型井型。

澳大利亚 Honeymoon 矿床铀资源大约为 $4600tU_3O_8$,矿石渗透性好,用地浸工艺开采。第一次地浸采铀试验采用单井试验,用碱法浸出,试验结果浸出液铀浓度较低,经济效益差。1982 年按 5 点型施工了 4 组钻孔,采用硫酸浸出剂,试验取得了成功。目前,该矿床共设计了 88 个抽出井,110 个注入井,抽注井数的比例 1:1.25,井型的布置主要采用 5 点型井型,局部采用 7 点型井型,在狭长的矿体部位采用行列式井型。

捷克主要采用行列式井型,同时也采用 5 点型和 7 点型井型,抽出井和注入井采用相同的结构,可以定期交换使用。

巴基斯坦 Qubul Khel 矿床采用的井型为 5 点型。表 1-3 列举了世界主要地浸采铀矿山所采用的井型[6]。

表 1-3 主要地浸矿山井型一览表

国 别	矿床或块段名称	主 要 井 型
美国(碱法)	Christensen 矿	5 点型,行列式
	Highland 矿	5 点 型
	Crow Butte 矿	5 点型,7 点型,单行列式
	Smith Ranch 矿	5 点 型
哈萨克斯坦(酸法)	Таукт 矿	行 列 式
	Чиль 矿	7 点 型
乌兹别克斯坦(酸法)	Учкудук 矿	行 列 式
保加利亚(酸法)	Plovdiv 矿	7 点 型
巴基斯坦(碱法)	Qubul Khel 矿	5 点 型
捷克(酸法) Stráž	VP-7A 井场	5 点 型
	VP-11 井场	行 列 式
	VP-14 井场	行 列 式
	VP-19 井场	行 列 式
	VP-15 井场	7 点 型
澳大利亚(酸法)	Honeymoon 矿	5 点型,7 点型,行列式

查看各国地浸矿山，采用的井型每个矿床不是固定不变的，而是随矿床条件的变化而改变。每种井型都有一定的使用条件和使用范围，选择时应综合考虑影响井型的各种因素，保证井场达到最佳的浸出效果。

2 井 距

2.1 概述

相邻两个钻孔间的距离称为井距，它包括两层含义：一是抽出井与注入井之间的距离；二是注入井与注入井（或抽出井与抽出井）间的距离。如未加说明，常提到的井距指抽出井与注入井之间的距离。

合理的井距是地浸采铀领域长期讨论的一个热点问题。井距决定着浸出剂的有效循环和资源回收率的高低，可以说，地浸采铀的成功很大程度取决于井场工艺，而井场工艺首要面临的工作是选择合理的井距。与井型的确定相比，井距的确定更加复杂，关于合理井距的确定方法资料介绍较少。20 世纪 70 年代，美国矿务局印发的"原地浸出采铀设计手册"曾介绍采用计算机软件对已选择的几种井距进行对比和优化。20 世纪 90 年代初，美国地浸矿山井距的确定是通过计算机模拟不同井距的浸出过程，以确定最佳的井间距。乌克兰、乌兹别克斯坦、哈萨克斯坦、俄罗斯及捷克等国家用地下水动力学模型的方法揭示不同井距的溶液运移特征，然后通过技术经济对比确定最佳的井距。以上这些确定井距的方法国内外刊物只是较简单地介绍，其实质的内容未见披露。因此，要真正科学合理地选择井型与井距，还需要从实践和理论的结合上做大量深入细致的分析研究工作。

研究合理井距的过程中一直存在着困扰人们的矛盾问题。从地浸铀矿床地质、水文地质特点看，对于渗透性 $0.1 \sim 1.0 \text{m/d}$ 的可地浸砂岩铀矿床，这种低渗透铀矿床应该采用较小的井距和较多注入井的井型，才能取得较好的浸出效果。而这样做，需要较多的生产井，投入较多的建设投资，最终影响企业的经济效益。对这个矛盾问题，过去往往采取折中办法，也就是说，既不完全依照地浸铀矿床特点的客观需要，也不一定追求最佳经济效益指标，而是人为地选定井距方案。经常遇到这样的情况，同一个矿床，矿层地质条件比较好的卷头部位和地质条件较差的翼部矿体采用的井距相同。在这种情况下，浸出结果和经济效益都不理想。因此，科学合理的井距应该是既能达到资源回收率高、浸出速度快、又能取得良好的经济效益。

随着地浸采铀生产实践经验与教训的积累，对可地浸砂岩铀矿床的成因，地下浸出机理等的认识不断深入，现已具备了客观选择合理井距的基础，取得了可喜的成绩。目前，可以通过分析影响地浸采铀的因素，从地浸采铀经济效益与资源回收率的角度出发，对地浸采铀井距进行全面的论证与优化，具体方案见图2-1。

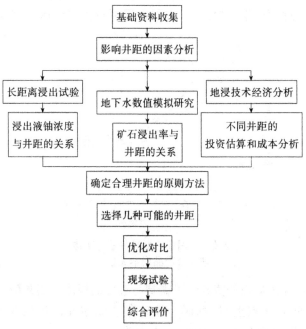

图 2-1　确定地浸矿山井距的方案框图

2.2 井距与矿床内在条件的关系

2.2.1 矿体埋藏深度

矿体埋藏位置距地表的距离称为矿体埋藏深度，它对钻孔施工费用有影响，在单位面积钻孔数固定的情况下，其深度直接影响矿床开采费用。如图 2-2 所示，在已确定地浸采铀井距后，地浸采铀成本与矿体埋深呈非线性关系。因此，一般而言，矿体埋深大，钻孔成本高，常采用较大的井距，这可保证单位面积钻孔数少；矿体埋藏浅，钻孔成本低，常采用较小的井距，这样，即使钻孔数较多，总的钻孔费用也不大。从另一个角度考虑，矿体埋深大时，钻孔钻进时产生的孔斜可能导致钻孔孔底实际位置与设计位置发生偏差。如果钻孔间距过小，有可能使抽出井与注入井靠得太近而产生"短路"。因而，埋深较大的矿床不宜采用较小的井距。

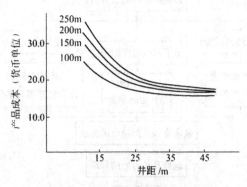

图 2-2　采用 5 点型时井距与矿体
埋深及产品成本关系

分析地浸矿山的资料，可得到一般性的规律：当井型呈网格式(5 点型或 7 点型)排列时，如矿体埋深 50m，井距常为 8～15m；如矿体埋深 100～200m，井距为 20～25m。

当井型呈行列式排列时，中亚地区的地浸矿山，通过技术经

济对比计算，得出了不同矿体埋深条件下的最佳井行距和间距，
见表2-1。

表 2-1　　行列式井型矿体埋深与井行距和间距的关系(m)

矿　体　埋　深	最　佳　行　距	最　佳　间　距
<100	30	15
100~200	40	20
200~300	44	22
300~400	48	24

2.2.2　矿石渗透性与单孔抽液量

矿石渗透性的好坏直接影响铀的浸出，在一定操作条件下，
即水力梯度为定值时，如果渗透系数大，就能保证浸出剂源源不
断地供给，浸出液顺利地离开反应区，从而加快浸出反应速度，
缩短浸出周期，这时，应增大井距，以保证一定的浸出液铀浓
度；相反，渗透系数小，浸出剂的供给和浸出液的迁移受到限
制，这时，为了加快浸出速度，应减小井距，以增大水力梯度，
提高渗透速度，从而提高矿石的浸出速度。通过含矿含水层单位
横截面积的液体流量称为渗透速度，表示液体沿渗透矿石移动的
假定速度；浸出液前沿的运动速度称为浸出速度。渗透速度与矿
石浸出速度间的关系如图2-3所示[4]。

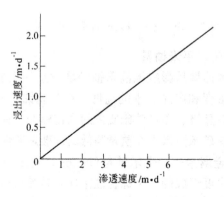

图 2-3　浸出速度与渗透速度之间关系

31

通常情况下，当矿石渗透系数为 0.1~1.0m/d 时，常采用网格式井型(5 点型、7 点型等)，井距 8~30m；当矿石渗透系数为 1.0~10.0m/d 时，常采用行列式井型，井距 20~50m 左右。

单孔抽液量是地浸采铀工艺中重要参数之一，它表示钻孔在允许的水位降深内抽出液量的多少，常用单位 m^3/h，其大小受矿石渗透性、提升方式等因素影响。单孔抽液量较大的矿床，产品成本也较低，这时可以采用较小的井距；单孔抽液量较小的矿床，则用较大的井距较合理。单孔抽液量与井距及产品成本关系如图 2-4 所示。从图中可以看出，单孔抽液量大时，采用较小的井距产品成本也较低。

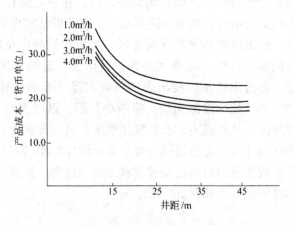

图 2-4　井距与单孔抽液量及产品成本的关系

2.2.3　矿石品位、平米铀量

矿石品位、平米铀量是影响地浸采铀经济效益的主要因素，它决定了浸出液铀浓度和产品成本的高低。在常规铀矿开采中，矿石品位是划分矿石品级、衡量矿床质量的内在标准。在地浸开采的铀矿床中，反映矿床储量内在质量高低的标准是矿体(层)平面上单位面积内铀金属量——平米铀量(kg/m^2)，它是由矿体的品位、矿石密度与厚度组成的一个综合性指标，是衡量地浸开采是否经济可行与经济效益好坏的一个重要尺度。平米铀量与浸出液铀浓度的关系可以用公式表达为[5]：

$$C_{av} = \frac{U_f E 10^3}{T f \gamma_0}$$ (2-1)

式中　C_{av}——浸出液平均铀浓度，mg/L；

　　　U_f——平米铀量，kg/m^2；

　　　E——浸出率，%；

　　　T——有效厚度，m；

　　　f——液固比；

　　　γ_0——矿石密度，g/cm^3。

从上述公式可以看出，矿体平米铀量越大，浸出液铀浓度越高。因此，当矿体平米铀量大时，即使井距较小，井数目较多，吨金属成本也可能较低。当采用5点型时，井距与矿石品位及地浸成本相互关系如图2-5所示。

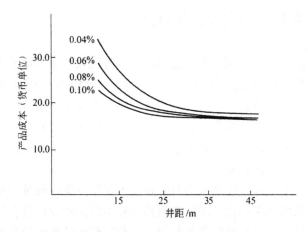

图2-5　井距与矿石品位及产品成本的关系

实际上，矿体平米铀量的分布是不均匀的，不同部位平米铀量大小也不同，这种不均匀性常常会导致井场各部位浸出不同步，也就是说，在总体上整个井场浸出可以结束时，少数钻孔中浸出液铀浓度可能还会较高。为了使同一井场矿化贫富不同的部位基本上能同时浸出，井距确定时应在富矿部位适当增补抽出井或注入井。

2.2.4 矿石矿物成分、岩石化学成分

矿石矿物成分和岩石化学成分是影响地浸采铀的重要因素之一，主要地浸工艺参数和溶液渗透速度与渗透长度的函数关系在很大程度上决定于矿石和含矿岩石的矿物成分。井距增加引起浸出剂与岩矿石接触时间增长，将导致浸出剂消耗量增加。因此，对于碳酸盐含量较高的矿床采用酸法浸出时，应适当地减小井距，缩短浸出剂与岩矿石接触时间。如果矿石难浸、矿石酸耗低、浸出剂在含矿含水层中不流失、浸出剂不与矿石大量反应，从提高浸出液铀浓度和减少钻孔费用等角度考虑，适当加大井距有好处，如捷克地浸矿山采用了50~100m左右的井距，浸出时间长达20多年。

2.3 井距与金属浸出率的关系

从地下浸出有用成分的金属量与原有地质储量的比值称为金属浸出率，地浸采铀中常称浸出率，用百分比(%)表示。矿产资源是国家的财富，是不可再生资源，随着人类的开发利用，将逐渐枯竭。因此，选择合理的井距时，应从保护国家矿产资源的角度出发，充分保证地浸采铀能经济回收的浸出率。影响浸出率的因素很多，井距是其中之一。

浸出剂从注入井注入后与矿石发生化学反应，最后以浸出液的形式从抽出井抽出。溶液在运移过程中的运动规律符合地下水运动学特征，其平面形态呈纺锤形。纺锤形流体所流经范围内的矿石在一定时间内可以被有效浸出。纺锤形流体所流经矿体的范围称为溶浸范围，纺锤形流体所不能覆盖的范围称之为溶浸死角。溶浸死角因缺少浸出的条件，常得不到有效浸出。一般情况下，井距越大，可能出现溶浸死角的面积越大，浸出剂覆盖率越小，浸出率也低；井距越小，溶浸死角的面积越小，浸出剂覆盖

率越大，浸出率也高。因此，井距与浸出率的关系可以通过井距与浸出剂覆盖率来体现。特别应该指出，由于矿石浸出性能有较大的差异，浸出剂覆盖范围内的矿石也不能保证全部浸出。不同浸出剂覆盖率可以采用下面公式计算：

$$A = F_1/F_2 \times 100\% \tag{2-2}$$

式中　A——浸出剂覆盖率，%；

　　　F_1——水动力作用范围内的溶浸面积，m^2；

　　　F_2——几何形状范围内的面积，m^2。

不同井型下的几何面积可采用下列公式计算：

4点型　　　　　$F_2 = 1.3L^2$ 　　　　　(2-3)

5点型　　　　　$F_2 = 2L^2$ 　　　　　(2-4)

7点型　　　　　$F_2 = 2.6L^2$ 　　　　　(2-5)

行列式Ⅰ　　　　$F_2 = 4LR$ 　　　　　(2-6)

行列式Ⅱ　　　　$F_2 = 2LR$ 　　　　　(2-7)

单行列式　　　　$F_2 = L^2$ 　　　　　(2-8)

式中　L——抽出井与注入井间的距离；

　　　R——注入井与注入井间的距离。

浸出剂覆盖率由矿石的渗透性、井距、井抽液量与注液量的比值等参数控制，其大小可通过浸出剂运移的计算机软件模拟。

以5点型为例，当矿石渗透系数为0.6m/d，井抽液量与注液量比值为1时，采用二维浸出剂运移计算机模拟做出15m、25m两种不同井距的流线流网图，计算出溶浸面积和浸出剂覆盖率。计算结果表明：相同条件下的同一种井型，由于井距的变化，浸出剂平均渗透速度减小了20%，浸出剂覆盖率减小了4.8%。从而得出，浸出剂覆盖率随井距变化而变化。

根据矿石的渗透性和操作条件，采用计算机软件计算出不同井距的浸出剂覆盖率。图2-6列举了5点型井型时井距与浸出剂覆盖率的关系。

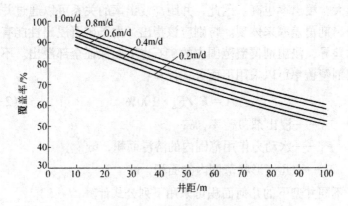

图 2-6   井距与渗透系数及浸出剂覆盖率的关系

从图 2-6 可以看出：相同条件下，矿石渗透性好时，浸出剂覆盖率也高；矿石渗透性相同时，随着井距的增大，浸出剂覆盖率逐渐减小。

行列式井型中，根据抽出井与注入井间的距离和注入井间的距离可做出溶液运移的流网图，如图 2-7 所示。从图中可以看出，每个开采单元的浸出边界一般为抽出井与注入井间距的一半，因此，行列式最佳井距是：$R:L$ 为 1:2。

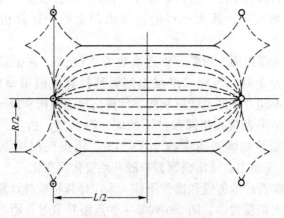

图 2-7   行列式井型流网图
⊙—注入井；○—抽出井

根据地浸采铀的实践经验，要取得较好的浸出效果，浸出剂覆盖率一般应达到75%～85%。因此，要达到以上的浸出剂覆盖率，如图2-6所示，当矿石的渗透系数为0.1～0.2m/d时，抽出井与注入井间距应小于20m；当矿石的渗透系数为0.2～0.4m/d时，抽出井与注入井间距应小于25m；当矿石的渗透系数为0.4～0.8m/d时，抽出井与注入井间距应小于40m；当矿石的渗透系数为0.8～1.0m/d时，抽出井与注入井间距应小于50m；当矿石的渗透系数大于1.0m/d时，抽出井与注入井间距不宜超过100m。

2.4 井距与酸耗、酸化期的关系

采用酸法地浸时浸出单位质量有用成分的试剂消耗量称为酸耗，或与单位岩矿石相互作用的试剂消耗量，前者称单位金属酸耗量，后者称单位岩矿酸耗量。影响酸耗最主要的因素是矿石的矿物成分、化学成分和配制浸出剂的浓度，其次是溶液的运移速度和与矿石接触的时间。

酸耗指标与岩矿中耗酸矿物(钙、镁的碳酸盐)和有益组分(主要指铀金属)呈函数关系，图2-8是理论计算和在实验室条件下

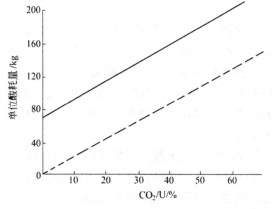

图2-8 单位酸耗量与CO_2/U的关系图

——由实验室得出的总单位酸耗量；----计算出的矿石碳酸盐部分酸耗量

获得的单位酸耗量同矿石碳酸盐组分(CO_2)、铀金属含量比值的关系[5]。由此图可看出，单位酸耗量与 CO_2/U 呈线性关系。

单位酸耗量随井距的变化规律可以通过不同长度的柱浸试验得出。根据矿样长度为 $0.25\sim10m$ 的室内试验，渗透长度从 3m 开始，浸出剂的单位消耗量和液固比的变化不超过 10% 可见表 2-2[7]。因此，在长度 3m 以下的柱浸试验中得到的单位酸耗量和液固比可以运用于 $10\sim100m$ 的实际矿层中进行外推法计算。也就是说，在一定的浸出率条件下，浸出剂的单位消耗和液固比随井距的变化不显著，其大小主要取决于岩矿石的物质成分和浸出剂的浓度，如图 2-9、图2-10 所示。

表 2-2　不同渗透长度与液固比、单位酸耗量变化的关系(%)

矿样长度/m	样品 1		样品 2	
	液固比	单位酸耗量变化	液固比	单位酸耗量变化
0.25	55.7	25.4		
0.5	25.7	6.8	90.9	13.0
1	11.4	1.7	15.2	4.3
2	10.0	0	4.2	0
3	8.6	0	3.0	0
10	5.7	0	2.4	0

注：H_2SO_4 浓度为 $10g/L$，样品 1 中 $CaCO_3$ 为 0.2%，样品 2 中 $CaCO_3$ 为 1.6%。

浸出一定时间时，浸出剂量与被浸岩矿量的比值称为液固比，此比值是地浸采铀设计与生产中不可缺少的重要参数，通过液固比可以预测地浸采铀矿山浸出液铀浓度，指导地浸矿山生产，为管理者决策提供依据。地浸采铀试验所得到的液固比与工业生产时的液固比基本相近，因而，工业生产时可以参考地浸采铀试验的液固比值。

室内柱浸试验中，浸出剂是在整个矿石中循环的，无围岩矿石。但地浸实际的浸出过程中，注入矿层的浸出剂不仅在矿石中循环，而且在围岩中循环，实际浸出剂的消耗发生在浸出范围内所有的岩矿石中。浸出剂的总消耗量可由下面的公式来确定：

$$Z = Q_a TF\gamma_0 \tag{2-9}$$

式中　Z——总酸耗量，t；

　　　Q_a——单位岩矿酸耗量，t/t；

　　　T——有效厚度，m；

　　　F——浸出面积，m^2；

　　　γ_0——矿石密度，t/m^3。

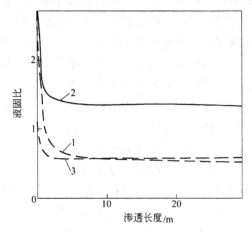

图 2-9　液固比与渗透长度的关系图

试验条件：H_2SO_4 浓度为 20g/L，渗透速度为 0.2m/d，1、2、3—样品序号

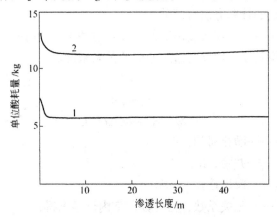

图 2-10　单位酸耗量与渗透长度的关系

1、2—样品序号

由上述公式可以看出：地下浸出过程，矿石的单位岩矿酸耗量、总酸耗量与浸出剂运移的有效厚度成正比，地浸过程中浸出剂沿矿层垂向运移的高度称为有效厚度，一般为过滤器长度的 1.2～1.5 倍，其大小受矿层在含矿含水层中的位置、过滤器长度、井距、矿层与围岩层渗透系数的比值等影响。乌兹别克斯坦、哈萨克斯坦等国家曾进行井距与酸耗量的对比试验，当井距从 25m 增加到 50m 时，酸耗增加 20%。因此，用室内试验得到的单位酸耗量评价矿床的地浸工艺参数时，应充分考虑有效厚度范围内浸出剂的消耗量，其最终合理的单位岩矿酸耗量应建立在矿石品位、矿层厚度和有效厚度组成的综合参数值上，其大小受井距的影响。在本节中，我们不可能详细地从各方面研究建立单位浸出剂消耗量的标准方法，但值得强调，由于可地浸矿石品位较低，在矿石与围岩的化学成分相近时，可以认为矿层的单位矿石酸耗量与围岩单位岩石酸耗量基本相等。

矿层浸出前的化学准备时间称为酸化期。酸化期计算时可以从两个方面考虑：一种方法是从注入浸出剂开始到抽出浸出液的 pH 值下降 4 以下所需的时间；另一种方法是注入的浸出剂的总量与排挤一个孔隙体积地下水的量相等时所需的时间。因此，矿层酸化期的计算方法有两种。

方法一：指注入浸出剂的前峰到达抽出井的时间，可以根据达西定律及浸出速度与渗透速度的关系来确定。

$$t = L / v_1 \qquad (2\text{-}10)$$

$$v_1 = \beta v \qquad (2\text{-}11)$$

$$v = KJ = K\Delta H / L \qquad (2\text{-}12)$$

式中　t——酸化时间，d；

　　　L——井距，m；

　　　v_1——浸出速度，m/d；

　　　β——相关系数，为常数，室内试验求得；

　　　v——渗透速度，m/d；

　　　K——渗透系数，m/d；

J——水力梯度；

ΔH——抽注孔的水位差，m。

方法二：在抽注平衡的条件下，通过注入或抽出一个孔隙水体积所需的时间计算，即：

$$t = \frac{F_2 \cdot n \cdot T}{Q} \tag{2-13}$$

式中 t——时间，d；

F_2——抽注单元面积，m^2；

n——孔隙率，小数计；

T——有效厚度，m；

Q——平均单孔抽液量，m^3/d。

在一定操作条件下，即抽液量与注液量一定时，K、ΔH、β、n、T 和 Q 等参数对某个具体浸出块段是固有的特征参数，短期内基本保持不变，T 和 F_2 是与井距 L 相关的参数，随井距的变化而变化。因此，从式 2-10 和式 2-11 中可以明显看出，影响矿层酸化期的主要因素是抽出井与注入井的间距。举例计算如下：

假设：5 点型井型（$F_2 = 2L^2$）；$K = 0.8m/d$；$\Delta H = 40m$；$T = 10m$；$n = 0.28$；$\beta = 0.6$；$Q = 96m^3/d$。

根据公式 2-10 和公式 2-13 计算不同井距条件的酸化期时间，可见表 2-3。

表 2-3 不同井距的矿层酸化期时间计算表

井 距/m	20		40	
计 算 方 法	方 法 一	方 法 二	方 法 一	方 法 二
酸化期/d	20.83	23.33	83.27	93.33

从上表看出，采用 5 点型井型时，井距从 20m 增大到 40m，增加 2 倍，而酸化期采用不同的计算方法，均增加了 4 倍。理论计算结果说明，井距对矿层的酸化期影响很大。

2.5 井距与浸出液铀浓度的关系

2.5.1 地浸过程中铀的迁移

地浸采铀过程中，由于浸出剂与矿石作用，溶解了矿石中的铀，铀从固相转移到液相，汇入浸出区地下液流中。在地下水天然流场和地浸作业条件下，铀从注入井逐渐向抽出井迁移，从而实现了铀的浸出。因此，地浸采铀过程中铀的迁移实际上是铀从注入井迁移到抽出井，抽出井与注入井的距离对地浸中铀的迁移有重要的影响。

铀在迁移过程中，存在着溶解、沉淀、吸附和解吸等物理化学过程，但地下水运动特征仍是支配铀迁移的主要因素，铀进入地下液流后，其迁移方式有 3 种[8]：

(1) 分子扩散迁移：分子扩散是分子布朗运动的一种现象，它不仅存在于静止液体中，而且运动液体也存在。分子扩散作用在地层中进行缓慢，迁移的距离也有限。据研究，地浸过程中分子扩散速度与液体运动速度相比甚小，分子扩散对溶液中铀元素的迁移所起的作用不大，一般可以忽略。

(2) 渗流迁移：物质在静止的地下水中，只有分子扩散迁移，而在运动的地下水中可以随地下水迁移很远的距离。物质随运动介质的迁移称为渗流迁移，这是自然界物质迁移的主要方式。地浸采铀时，含铀溶液的运动除地下水天然流场的作用外，还通过抽出井与注入井的分布及抽液量与注流量的控制人为地加快地下液体的运动速度，实现元素的迁移。显然，渗流迁移是地浸采铀时铀元素迁移的主要形式。

(3) 渗流弥散(水动力弥散)迁移：浸出剂在多孔介质中渗流时，除有一个假想平均流动速度外，实际速度的分布是极其复杂的，是很不均匀的，在同一时间段内流速大的物质迁移得远，流速小的迁移得近。再加上分子扩散的影响，使地下水物质浓度的分布形成一个由高到低的过渡混合带，称为弥散带。弥散带形成的渗流机制称为渗流弥散。渗流弥散又分为微观渗流弥散和宏观渗流弥散。地浸采铀时，含矿含水层渗透性存在各向异性，物质沿渗透性好的岩层迁移得更快更远。

铀元素进入地下水后，在运动的地下水中，均存在上述 3 种迁移形式，只是在不同条件下各种迁移方式所占比重不一。各种迁移方式在迁移中所起的作用可以用贝克来（Peclet）数来判别。

$$Pe = \frac{v \times d}{D_m} \tag{2-14}$$

式中　Pe——贝克来数；

　　　v——渗透速度，m/d；

　　　d——表示多孔介质特征的参数，在球形颗粒介质中时，可取球直径，mm；

　　　D_m——分子扩散系数，m²/d。

在水-岩系统中，分子扩散系数一般近于常数。介质一定后，d 也近于常数，则贝克来数 Pe 与渗透速度 v 近于成正比。当流速很小时，Pe 也很小，证明以分子扩散为主，渗流迁移可以忽略不计；当流速很大时，Pe 也大，则以渗流迁移为主，分子扩散迁移相对很小，可以忽略不计。1963 年帕金斯（Perkins）和约翰斯顿（Johnston）指出，当 $Pe > n \times 10^{-2}(n < 5)$ 时，以分子扩散迁移占优势；$Pe > 10$ 时，以渗流迁移占优势；$n \times 10^{-2} < Pe < 10$ 时，物质迁移具有混合性质，即分子扩散迁移和渗流迁移起均等作用。地浸采铀时，由于溶液在含矿含水层中运动速度较快，因此铀元素的迁移以渗流迁移为主，分子扩散可以忽略。

据达西定律，溶液在含矿含水层中迁移速度受钻孔抽液与注液压力、抽出井与注入井间的距离、含矿含水层渗透系数等因素的制约，所以，地浸采铀井距对铀的迁移规律有一定的影响。地浸过程实质就是铀沿注入井向抽出井迁移的过程。

2.5.2　井距对铀迁移的影响

研究地浸采铀不同井距时铀的浸出行为特征和迁移过程可以通过长距离浸出试验进行。试验装置具有自动采集和记录浸出时不同渗透路径的地球化学参数 Eh、pH 的功能，同时可以通过相隔一定的渗透距离设置的取样口对液相的化学组分进行控制分析。矿样装填好后，先用水湿润矿石，测定矿石的渗透系数和有效孔隙率，并观察矿石水洗的情况。浸出过程中应密切注意浸出环境对铀迁移的影响，并记录和检测各个取样点的 Eh、pH、U、Fe^{2+}、Fe^{3+}、SO_4^{2-}（酸浸时）、CO_3^{2-} 和 HCO_3^-（碱浸时）等的浓度。待浸出结束后用水进行洗涤，观察洗涤时水质恢复过程中铀的迁移情况。表 2-4 和图 2-11 是地浸矿山矿样长距离浸出试验结果[8]。

表 2-4　浸出液铀浓度的监测分析结果(mg/L)

浸出时间/d	渗 透 路 径 /m				
	0.68	2.07	2.76	4.18	5.60
8h	17.92				
1	2654.50	8.67	9.83	12.34	
2	1206.60	7.51	5.78	12.34	
3	407.50	1153.10	15.89	12.72	
4	286.10	3298.10	526.0	17.34	17.34
5	124.80	1809.10	3338.30	18.55	16.74
7	43.75	745.90	2533.90	466.50	30.63
9	46.24	419.70	1491.20	2895.60	16.76
10	18.50	179.80	791.90	3036.60	19.07
13	15.64	106.96	566.40	1618.40	1017.30
14	11.16	84.46	382.10	1236.90	3373.0
15	9.92	84.32	262.90	1225.10	2509.80
17	8.93	65.72	203.40	1103.60	2513.80
19	8.93	47.12	117.80	962.30	1763.30
23	8.68	42.60	89.24	446.40	1222.70
28	7.44	21.82	83.20	418.30	1085.90
35	4.96	21.33	74.42	421.60	864.70
40	5.95	28.15	62.50	293.10	804.40
45	5.95	16.90	55.06	178.90	679.50
50			34.50	78.86	591.20

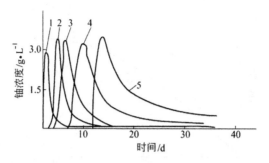

图 2-11　不同渗透路径浸出液铀浓度随时间的变化曲线
1—0.68m；2—2.07m；3—2.76m；4—4.18m；5—5.60m

从表 2-4 和图 2-11 可以看出，长距离浸出试验过程中，矿石与浸出剂作用时，矿石中的铀被浸出，并沿着溶液流动的方向实现铀的搬运，也就是说，在浸出过程中铀被往前"赶"。从表中可知，当浸出前段出现峰值时，浸出后段浸出液的浓度还很低，说明浸出前段的铀正往浸出后段转移。为了验证这一现象，将准备好的两根浸出柱串联浸出，当第一根柱子浸出高峰过后，停止浸出操作，然后分析两根浸出柱内矿石的品位。结果表明，前一根浸出柱矿石品位为 0.085%，比原矿石品位低 40% 左右，后一根浸出柱矿石品位为 0.192%，比原矿石品位增加 30%，这进一步验证了长距离浸出试验的结果。这说明在地浸采铀过程中铀的浸出是从注入井逐渐向抽出井扩展，注入井周围的铀先浸出。

从图 2-11 中还可以看出，浸出液峰值浓度基本稳定在 3300mg/L 左右，并且当渗透路径为 2.07m 时浸出液峰值浓度已达到该值，其后随着渗透路径的增加，峰值浓度波动不大。这说明渗透路径达到 2m 时，浸出液中铀浓度已经饱和，因此，可以把该浓度称为浸出液铀的饱和浓度。浸出液中铀的饱和浓度与渗透路径的关系可以用图 2-12 来描述[8]。

从图 2-12 中可以看出，渗透路径为 2m 时，浸出液铀浓度已达到峰值，此后渗透路径增加，浸出液铀浓度变化不大，基本维持在浸出液峰值浓度的水平上。因此，根据长距离浸出试验结果

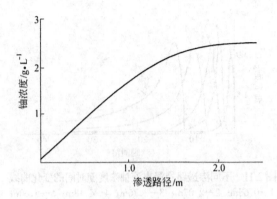

图 2-12　浸出液中铀浓度与渗透路径的关系

可知：浸出开始时浸出液中的铀浓度随渗透路径的增加而增高，但达到一定程度后，浸出液中的铀浓度基本维持在一定值，不再随渗透路径的变化而变化。

此外，从表 2-4 和图 2-11 还可以获得浸出前峰移动的速度，从表中可以看出，渗透路径在 5.6m 处，浸出前峰出现的时间是 14 天，那么，在该渗透距离内浸出前峰移动的速度(浸出速度，m/d)为：

$$v_1 = 5.6/14 = 0.4$$

浸出试验过程中溶液的渗透速度 $v = 0.6$m/d。显然浸出前峰运动速度滞后于渗透速度，原地浸出采铀过程中浸出速度与渗透速度呈线性关系，可用式 2-11 描述。

通过我们的试验已经确定 v_1 和 v 值，则可以求出相关系数 β。β 一般为定值。

$$\beta = \frac{v_1}{v} = 0.67$$

酸法浸出刚开始时，由于浸出剂(H_2SO_4)与矿石和围岩反应而被消耗，含铀溶液的酸度会降低，从而会使浸出前峰移动速度较渗透速度慢。

从上述分析得知，原地浸出采铀注入井与抽出井间的距离是影响铀元素迁移的因素之一，当注入井与抽出井间的距离大于

46

2m 时，浸出液铀浓度已能达到峰值。实际生产中，注入井与抽出井间的距离一般大于 8m，可以保证获得较高的浸出液铀浓度。

2.6 井距与钻孔抽液量、注液量的关系

从理论上讲，单孔抽液量的计算公式符合裴布依（J.Dupuit）非完整承压井流的涌水量方程，即：

$$Q_{抽} = \frac{2.73KMS}{\lg(R/r) + \frac{\Delta\Phi}{2.3}} \qquad (2-15)$$

式中　$Q_{抽}$——钻孔的抽液量，m^3/d；

　　　K——矿层的渗透系数，m/d；

　　　M——含矿含水层厚度，m；

　　　S——抽出井水位降深，m；

　　　R——影响半径，m；

　　　r——钻孔半径，m；

　　　$\Delta\Phi$——非完整钻孔的阻力系数，可查表计算。

由式 2-15 表明，在矿石渗透系数和含矿含水层厚度一定的条件下，单孔的抽液量只与操作条件有关，影响钻孔抽液量大小最主要因素是水位降深、影响半径和钻孔直径。在常用的井型布置中，一个抽出井周围有几个注入井，注入井在抽出井周围形成一个相对的闭合系统。注入井可以看成抽出井的供液周边，即：把注入井看作定水头边界，那么，抽出井与注入井间的水动力影响半径等于抽出井与注入井间距。在式 2-15 中，影响半径或井距是以对数出现的，因此，井距对钻孔抽液量影响不大。

钻孔注液量与井距的关系是可以根据达西定律推导而来，经整理和单位换算后公式如下：

$$Q_{注} = \frac{2.73KMp}{\lg(L/r) + \frac{\Delta\Phi}{2.3}} \qquad (2-16)$$

式中　$Q_{注}$——钻孔的注液量，m^3/d；

L——抽出井与注入井间距，m；

p——钻孔过滤器部位的压力差，换算为水柱高度，m。

从式 2-16 可以看出，井距对钻孔注液量的影响也是以对数形式出现，对钻孔注液量的影响不大。当原始数据为：$K = 0.8\text{m/d}$；$M = 20\text{m}$；$S = 30\text{m}$；$p = 20\text{m}$；$r = 0.1\text{m}$；$\Delta\Phi = 21.0$ 时，按式 2-15、式 2-16 计算不同井距的钻孔抽液量与注液量，可见表 2-5，图 2-13 所示。

表 2-5　不同井距时单孔抽液量与注液量的变化

井　　距/m	10	20	30	40	50	60
钻孔抽液量/$m^3 \cdot h^{-1}$	4.90	4.78	4.69	4.65	4.62	4.59
钻孔注液量/$m^3 \cdot h^{-1}$	3.27	3.18	3.13	3.10	3.08	3.06

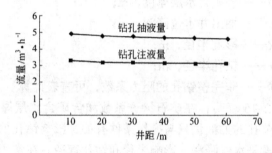

图 2-13　不同井距时钻孔抽液量与注液量的变化曲线

从表 2-5，图 2-13 看出，随着井距的增大，钻孔抽液量与注液量略呈递减趋势，井距从 60m 缩小到 10m，减少 6 倍，而抽液量与注液量分别只增加了 6.7% 和 6.9%，该结果说明井距对钻孔抽液量与注液量的影响不大。因此，在进行不同井距的经济比较时，可以把钻孔的抽液量与注液量看作常数。

2.7　合理井距的确定原则与方法

2.7.1　确定合理井距的原则

井距的设计不仅要保证井场的生产能力，还要保证浸出率较高和在服务期间总生产成本最低。对于一个地浸块段，判断选择的井距是否最佳应从以下几个方面考虑：

（1）浸出率；

（2）单位金属成本；

（3）浸出液铀浓度及剩余酸度；

（4）在一定的矿块面积内，由井距决定的总钻孔数是否能保证井场的生产能力。

一般而言，如果增加井距，可以减少钻孔数量和钻孔工程等费用，但易产生如下弊端：

（1）减少块段总抽液量和铀金属生产能力，延长浸出时间和增加生产费用；

（2）增加渗透路程，降低水力梯度、渗透速度和浸出速度，从而延长浸出时间和增加生产费用；

（3）增加酸耗，一方面是由于增加渗透路程、化学反应时间加长引起的；另一方面是由于增加了含矿含水层有效厚度，从而增加了被浸矿石和岩石量引起的。井距与酸耗的对比试验证实，当井距从25m增加到50m时，酸耗增加20%；

（4）易降低浸出剂覆盖率，从而增加溶浸死角的面积，降低浸出率。

缩短井距，虽可以避免井距过大产生的问题，但又将产生以下弊端：

（1）增加钻孔数量，从而增加钻孔工程费用；

（2）增加抽液与注液设备的费用；

（3）易造成浸出剂"短路"；

（4）可能使注入矿层中的浸出剂与矿石的反应不充分，导致浸出液中铀浓度低，剩余酸度高。

综上所述，地浸井距，既不能过大，也不能过小。对于每一个具体条件的矿床块段，应有一个合理值。选择合理的井距，有以下原则：

（1）正常抽液与注液条件下，浸出剂对矿体的覆盖率大于

75%；

（2）矿体浸出均匀，且贫富不同的部位能基本同步浸完；

（3）钻孔服务年限合理，一般为 3～5 年；

（4）在其它条件相同的情况下，应选取吨金属成本较低或经济效益最大时的井距。

2.7.2 合理井距的确定方法

2.7.2.1 钻孔工程投资、生产能力和服务年限比较法

对于一个有一定面积的矿床块段，井距的变化要引起钻孔数目的变化，而钻孔数目的变化，一方面要引起基建工程如钻孔工程、抽液与注液设备及其安装、地面管路等的变化，进而引起基建费的变化；另一方面要引起与生产有关的指标如日抽液量、浸出时间、酸耗等的变化。因此，在已知地质条件的块段上，井距与井场投资、生产能力、服务年限及产品成本间存在一定的规律性，有一个函数关系。井距的确定方法就是利用技术经济评价的方法，寻找出井距与上述因素的函数关系，从而提出优化分析结果。确定井距主要有以下几种方法。

根据井距的确定原则，在保证一定浸出率的前提下，应首先比较钻孔工程投资、生产能力和服务年限，从而选出适宜的井距。主要步骤如下：

（1）资料的收集与整理：主要包括矿床地质、水文地质和地浸工艺资料，矿床所在地经济地理情况、原材料供应与价格、国家及地方政府有关经济政策与法规等。

（2）选择可能合理的井距：根据块段条件，参照其它类似矿床或块段的使用效果，选出几种可能是合理的井距。用于技术经济对比计算的井距，常选择 10m、20m、25m、30m、35m、40m、45m、50m 等几种。如果钻孔按行列式排列，则最佳行距常是 20m、30m、40m、50m 和 60m 等几种。

（3）确定抽出井和注入井的数目：已知块段面积（S）、采用的井型及已选出的可能是合理的井距后，可计算出不同井距条件下的抽出井与注入井数目，计算公式为：

5 点型井型：$\qquad N_{抽}=\dfrac{S}{2L^2}$ $\qquad$ (2-17)

$\qquad\qquad\qquad\qquad N_{注}=\dfrac{S}{2L^2}$ $\qquad$ (2-18)

7 点型井型：$\qquad N_{抽}=\dfrac{S}{2.6L^2}$ $\qquad$ (2-19)

$\qquad\qquad\qquad\qquad N_{注}=\dfrac{S}{1.3L^2}$ $\qquad$ (2-20)

行列式 I 型井型：$\qquad N_{抽}=\dfrac{S}{2LR}$ $\qquad$ (2-21)

$\qquad\qquad\qquad\qquad N_{注}=\dfrac{S}{2LR}$ $\qquad$ (2-22)

行列式 II 型井型：$\qquad N_{抽}=\dfrac{S}{4LR}$ $\qquad$ (2-23)

$\qquad\qquad\qquad\qquad N_{注}=\dfrac{S}{2LR}$ $\qquad$ (2-24)

式中 $\quad N_{抽}$——抽出井数；

$\quad N_{注}$——注入井数；

$\quad L$——抽出井与注入井间的距离；

$\quad R$——注入井与注入井间的距离。

(4) 绘制流网或流线图：利用圈定溶浸范围计算机软件对已选各种井型与井距进行计算机模拟，得出不同井型与井距的流网图，判断浸出剂覆盖率的大小。

(5) 计算块段所需的浸出剂量：所需的浸出剂量可按如下公式计算：

$$W = \gamma_0 FTf \qquad (2-25)$$

式中 $\quad W$——所需的浸出剂量，t；

$\quad \gamma_0$——矿石密度，t/m³；

$\quad F$——块段面积，m²；

$\quad T$——有效厚度，m；

$\quad f$——液固比。

(6) 计算块段日抽液量：已知一个抽出井的日抽液量和块段

内不同井距条件下的抽出井数，两者相乘，便得出不同井距条件下的块段日抽液量。

(7) 计算块段服务年限：已知浸出块段所需的总浸出剂量和不同井距条件下的块段日抽液量，可计算出不同井距条件下的块段服务年限。

(8) 计算块段生产能力：已知浸出液的平均铀浓度和不同井距条件下的块段日抽液量，可计算出不同井距条件下的块段生产能力。

(9) 投资估算与产品成本分析：对不同井距的方案进行投资估算和产品成本分析，投资估算包括基建投资估算和流动资金估算。基建投资估算包括井场投资估算、处理车间投资估算、公用工程及辅助设施投资估算等；流动资金可按经营成本或固定资产投资比例估算。地浸产品成本可以参考现有地浸铀矿山产品成本的有关资料，按地浸产品成本的构成分项来进行估算。由于上述工作量较大，常通过有关计算机软件进行计算。

(10) 做出井距与投资、生产能力、服务年限和产品成本的关系曲线图，选出合理的井距。

值得指出：在过去的地浸采铀实践中，按设计井距布置施工的井场出现了在浸出结束时少数抽出井浸出液铀浓度还很高的情况。因此，建议工业生产设计时在根据设计的井距布置和施工完抽出井与注入井之后，应根据详细探明的矿块地质资料在必要的部位(如局部富矿部位)适当增补生产井，使井场浸出取得最佳的效果。

2.7.2.2 经济极限优化法

对一定井型而言，井距的变化将引起地浸经济效益的变化，而井距的变化范围受到矿床自然条件诸如矿石渗透性、品位、矿体厚度、埋深等的限制。因此，合理确定井距的方法是在一定的约束条件下，对某一指标进行合理的优化。其原则是在满足矿床地浸开采的基本条件下，力争达到较好的经济效益。

在优化过程中，应首先选择目标函数，以经济极限、矿床自然条件对井距的影响作为约束条件，建立一个适宜的线性规划模型，通过该模型的求解，找出满足各约束条件与相关关系的最优化方案组合。求解时，以经济效益最大时的井距作为目标函数，即以总产出减去总投入达到最大时的井距作为目标函数。

单位面积内钻孔的数量称为井网密度，为了便于计算，常用抽注单元面积的倒数表示。井距越大，井网密度越小；井距越小，井网密度越大。不同井型、井距与井网密度的关系见表2-6。

表2-6　井距与井网密度关系特征表

井　　型	4点型	5点型	7点型	行列 I	行列 II
关系式	$L=\sqrt{\dfrac{1}{1.3f_b}}$	$L=\sqrt{\dfrac{1}{2f_b}}$	$L=\sqrt{\dfrac{1}{2.6f_b}}$	$L\cdot R=\sqrt{\dfrac{1}{2f_b}}$	$L\cdot R=\sqrt{\dfrac{1}{2f_b}}$

注：L—抽出井与注入井间距离，m；

f_b—井网密度，用单位面积内钻孔的数量表示，即抽注单元面积的倒数，井/m²；

R—注入井与注入井间距离，m。

根据原地浸出采铀的特征、约束条件，影响井距的主要因素一般包括以下几类。

（1）资源约束条件[9]：

$$\sum_{t=1}^{T} X(S_t) \leqslant BE \tag{2-26}$$

$X(S_t)$表示不同井距在服务年限内的生产能力，BE表示在服务年限内可回收的资源量。

（2）浸出率约束条件：

$$X(E) \geqslant 75\% \tag{2-27}$$

$X(E)$表示不同井距与浸出率的关系。由于铀资源是国家的宝贵财富，因此，常以地浸采铀金属浸出率大于75%为标准。井距与浸出率的关系受矿石渗透性的影响，在一定渗透性条件下，可以通过溶浸运移软件模拟出井距与浸出率的关系。

（3）浸出液铀浓度约束条件：

$$X(c) \geqslant C_饱 \tag{2-28}$$

$X(c)$表示浸出液铀浓度随井距的变化关系，$C_饱$表示浸出液铀浓度峰值，2.5节中已经论述，当井距增大到一定程度后，浸出液铀浓度达到峰值，达到峰值后，其值将不受井距的影响。因此，设置井距约束条件时，应满足浸出液铀浓度达到峰值的条件。

（4）钻孔工艺约束条件：

$$X(w) \geqslant L_w \tag{2-29}$$

$X(w)$表示地浸钻孔偏斜与矿体埋深的相互关系。一般而言，地浸钻孔在施工过程中难以避免地发生偏斜，随着矿体埋深的增大，地浸钻孔发生偏斜的可能性增大。为了防止抽出井与注入井因钻孔偏斜造成地浸钻孔实际井距过小的情况，故常常要求井距应大于地浸钻孔可能发生偏斜的极限值（L_w）。例如，当矿体埋深为 200～300m 时，常要求井距不得小于 10m。

（5）经济极限约束条件：

$$X(f_b) \geqslant f_{min} \tag{2-30}$$

$X(f_b)$为井网密度经济极限关系式。f_{min}为井网密度的经济极限，它表示地浸矿山总产出等于总投入，即总利润为零时的井网密度。地浸铀矿床井网密度经济极限与平米铀量、浸出率、金属回收率和单位产品利润成正比，与抽注液单元的钻井投资、地面建设投资开发年限的半次方成反比。计算式如下：

$$f_{min} = \frac{10(c_1 - c_0) YE\eta}{I(1 + R)^{t/2}} \tag{2-31}$$

式中　　f_{min}——井网密度经济极限；

　　　　c_1——产品销售价格，万元/t；

　　　　c_0——生产成本，万元/t；

　　　　Y——平米铀量，kg/m^2；

　　　　E——浸出率，%；

　　　　η——金属回收率，%；

　　　　I——平均每个钻孔投资，万元/t；

　　　　R——投资贷款利率；%

　　　　t——井场开采周期，a。

由目标函数式 2-26 及约束条件式 2-27～式 2-32 组成的规划模型，当约束条件和变量数不太大时，是不难求解的，当约束条件较复杂时,可以建立计算机模型求解。

2.8 井距确定实例分析

某砂岩铀矿床,经条件试验证明可以采用酸法浸出。其基本数据如下:

矿体形态	简单,矿体宽度>150m
试验块段面积	75625m²
平米铀量	9.96kg/m²
矿层厚度	3.79m
浸出率	75%
含矿含水层有效厚度	9.75m
含矿含水层渗透系数	0.73m/d,矿体渗透性均匀
矿石相对密度	1.73
矿石量	495.85×10^3 t
单孔平均抽液量	4.0m³/h
单孔平均注液量	2.0m³/h
矿体埋深	210m
液固比	3.5

据试验块段条件得知,钻孔抽液量与注液量的比值为2:1,为了保证整个试验块段抽液量与注液量基本平衡,要求抽出井数与注入井数的比例为1:2,这与7点型或行列式Ⅱ井型抽出井与注入井数比例相同。根据井型确定的原则、方法和矿体的形态,可确定井型为7点型。

井距的确定步骤如下:

(1)选择几种可能是合理的井距。根据矿床条件,选择10m、20m、25m、30m、40m和50m作为可能合理的井距。

(2)确定抽出井和注入井的数量。

根据试验块段的面积,可计算不同井距时抽出井与注入井数量,见表2-7。

表 2-7　不同井距时抽出井与注入井数量

井　距/m	抽出井数/个	注入井数/个	井总数/个
10	291	582	873
20	73	146	219
25	47	94	141
30	32	64	96
40	18	36	54
50	12	24	36

（3）绘制流网图。利用圈定溶浸范围计算机软件对上述 6 种井距绘制流网图，结果表明，采用 7 点型井型，井距 $10\sim50m$ 时，浸出剂流经矿石的覆盖率可达 75% 以上。

（4）计算浸出块段所需浸出剂量（W）：

$$W = \gamma_0 FTf = 1.73 \times 75625 \times 3.79 \times 3.5 = 1735476.5(t)$$

（5）计算块段日抽液量。不同井距时日抽液量列于表 2-8 中。

表 2-8　不同井距时块段日抽液量

井　距/m	抽出井数/个	日抽液量/m³
20	73	7008
25	47	4512
30	32	3072
40	18	1728
50	12	1152

（6）做出井距与井场投资、生产能力、服务年限的关系曲线。据上述结果计算出不同井距的井场投资、生产能力和服务年限，对块段不同井距的井场投资进行估算，做出图 2-14。

（7）做出井距与产品成本曲线图。利用地浸技术经济评价模型，计算出不同井距时产品成本，如图 2-15 所示。

（8）井距的确定。由图 2-14、图 2-15 可知，当井距小于

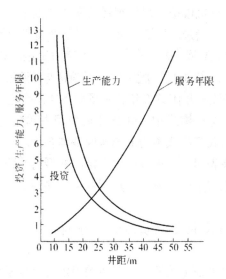

图 2-14　井场投资、生产能力、服务年限与井距关系曲线

20m 时，井距的变化会引起井场投资、产品成本显著变化；当井距大于 30m 时，井距的变化对井场生产能力、井场投资与产品成本等的影响逐渐减弱，而井场服务年限近于直线延长。因此，从节省投资、降低产品成本、保证井场有一个合理的服务年限等综合考虑，井距在 20 ～ 30m 时可保证该矿床在较佳的状态下进行原地浸出。

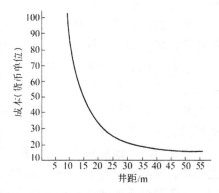

图 2-15　井距与产品成本关系曲线

应用效果分析：

该可地浸砂岩铀矿床经过近 2 年时间的运转，得出了下列有关参数：

（1）浸出液平均铀浓度 220.63mg/L；

（2）经计算机模拟，浸出剂覆盖率达90%；

（3）浸出液剩余酸度2～3g/L，利于处理车间铀的处理；

（4）共抽取溶液1313801m³，注入溶液1306364m³，抽液量大于注液量0.57%，表明试验过程中井场抽液量与注液量基本平衡。

（5）井场服务年限约5年，井场服务年限合理；

（6）产品成本构成中，井场开拓费用占单位总成本10%～15%，表明试验产品成本与成本构成基本合理。

上述结果表明，该地浸矿山选定的井型与井距适宜该矿床的地质与水文地质条件，采用7点型井型，井距25m是合理的。

2.9 井距确定时不同阶段的工作内容

根据地浸采铀工艺特点，井距的确定应充分考虑可地浸砂岩型铀矿床的地质、水文地质及浸出工艺的特征，在设计开采系统时应该分三个阶段进行。

第一阶段：矿床勘探阶段。在该阶段工作中，选取适宜的试验块段，根据地质勘探及室内试验取得的数据进行初步的井距设计，在此基础上，收集下一步论证的数据。该阶段的工作，主要进行探索性的研究，所确定的井距与未来工业生产所采用的井距可能有较大的差别。尽可能并尽快地摸索矿床地浸工艺特征是该阶段的主要任务。

第二阶段：地浸采铀半工业性或工业性试验阶段。在该阶段工作中，有必要进行几个开采方案的技术经济核算的论证与比较。该阶段矿床的地质与水文地质条件已经基本勘探清楚，矿石的浸出性能已经有了初步结果。

矿床采用地浸开采的可能性已经在现场条件试验中得到了初步验证，因此，在地浸采铀半工业性或工业性试验中选取的井距应该充分考虑矿床的条件，进行各种井距的技术经济论证，并在此基础上，利用该阶段施工的钻孔资料来确定开采单元、块段或整个矿床的最佳开采工艺。该阶段选取的井距与工业性生产所采用的井距基本是一致的。

第三阶段：矿床地浸开采工业性生产设计阶段。在上述两个阶段研究的基础上，该阶段井距的设计应该是最合理的，在工业性生产的过程中，不应该与预计结果有较大的偏差。因此，在该阶段，开采块段和整个矿床的设计中，重点工作应该注重生产探矿过程可能出现的各种变化，如局部平米铀量与原设计有较大的差别，生产钻孔在钻进中发生偏离，局部矿石渗透性发生较大的变化或过滤器周围发生了较严重的堵塞等。对于这类明显偏离设计的情况，应该采取相应的措施。

地浸采铀井距的设计经过上述 3 个阶段对比与验证，应该说是合理的。表 2-9 列举了世界各国主要地浸采铀矿山所采用的井距[6]。

表 2-9　主要地浸矿山井距一览表

国　别	矿床或块段名称		井　距/m
美　国 （碱　法）	Christensen 矿		29.5
	Highland 矿		15～30
	Crow Butte 矿		21
	Smith Ranch 矿		23～46
哈萨克斯坦 （酸　法）	Таукт 矿		$15 \times 15 \times 30$
	Чиль 矿		50
乌兹别克斯坦（酸法）	Учкудук 矿		$10 \times 15 \times 30$
保加利亚（酸法）	Plovdiv 矿		20～25
巴基斯坦（碱法）	Qubul Khel 矿		15
捷　克（酸法）	S t r á ž	VP-7A 井场	20
		VP-11 井场	$20 \times 20 \times 30$
		VP-14 井场	$25 \times 25 \times 50$
		VP-19 井场	$60 \times 60 \times 80$
		VP-15 井场	100
澳大利亚（酸法）	Honeymoon 矿		20～60

总结归纳地浸矿山井距的确定原则与方法，可以得出以下几点结论：

（1）地浸采铀井距应根据矿床矿体埋藏深度、矿石渗透性、矿体形态、平米铀量、单孔抽液量及抽液量与注液量比值、矿石矿物成分与化学成分等因素来确定，确定的井距应达到整个矿体均匀浸出的目的；

（2）不同井距浸出剂运移特征存在着差异，当井距一定时，7点型井型浸出剂运移所覆盖矿体的面积最大；当井型一定时，随着井距增大，浸出剂覆盖率逐渐减小；

（3）原地浸出采铀过程中，不同井距对铀的迁移有较大的影响，当井距大于2m时，浸出液铀浓度可以达到峰值，随着钻孔间距的继续增大，浸出液铀浓度峰值变化较小；

（4）地浸采铀合理井距是通过理论分析、地下水动力学数值模拟、技术经济评价等相结合的方法来确定的，实例分析表明，采用该方法确定的井距可以获得较高的金属回收率和较低的金属成本。

3 钻孔结构及成井工艺

3.1 钻孔要素与井的种类

3.1.1 概述

由地表打入地下岩层、矿层或含水层中的圆柱状孔称为钻孔,由钻机钻进而成。钻孔的地面出口叫孔口,底部叫孔底、侧面叫孔壁。钻孔直径、钻孔深度和钻孔方向组成钻孔要素。钻孔在下入套管、过滤器、水泥封孔之后,在地浸采铀中称为井,如注入井、抽出井、监测井等。

地浸法开采时钻孔不仅是揭露矿层的惟一工程,而且也是矿床开采的主要手段。正因为如此,在地浸采矿中钻孔设计和成井施工尤为重要。设计合理、施工质量得到保证的钻孔成井后可圆满地完成矿山生产中的使命,保证生产的稳定、连续进行;而设计不合理或施工质量差的钻孔,成井后在生产过程中会发生过滤器堵塞、套管断裂、地下水串层、过滤器下放不到位、抽液量与注液量达不到要求或随生产进行逐渐变小等问题,直接影响生产,污染地下水,严重的会使井报废,生产中断。

地浸采铀中注入井、抽出井和监测井的设计与施工工艺各异,特别是井的结构更是百花齐放。虽然地浸钻孔结构各异,但在钻孔施工与成井工艺中几个主要环节是共有的,其步骤如下:

(1) 开孔;

(2) 中孔钻进;

(3) 终孔钻进(包括扩孔);

(4) 替浆;

(5) 物探测井;

(6) 下放套管;

(7) 投砾(或托盘);

(8) 构筑人工隔塞;

(9) 封孔;

(10) 洗孔。

井的结构与施工工艺取决于井的作用、地层条件、施工队伍技术、井内设备及抽液与注液方式等，当然也与钻孔成本有直接关系。通常所说的成井工艺包括扩孔、下套管、止水、洗井等。

3.1.2　注入井

向矿层注入浸出剂的钻孔称为注入井，也称注液井。化学试剂和氧化剂(液态或气态)均通过注入井注入到矿层。因此，要保证生产在最佳状态下运行，首先要确保注入井正常工作。另外，在后期矿山地下水污染治理时，注入井还可作为净化后的水或化学试剂的注入通道。

在钻孔结构上，注入井可分为非变径结构和变径结构，它取决于止水方式。填砾水泥隔塞止水时注入井为非变径结构，而托盘止水时为变径结构。如果浸出液采用空气提升，并考虑抽出井与注入井交换使用，那么，注入井在设计时要考虑承担抽出浸出液的任务。注入井直径的选择须考虑钻孔的注液量和注液装置(如使用氧气作为氧化剂时，注入井中安装的气体混合器)的大小。

3.1.3　抽出井

从矿层内抽出浸出液的钻孔称为抽出井，也称抽液井。地浸铀矿山的产量完全依赖抽出井的抽液量和所抽出浸出液中的铀含量，抽出井能否正常工作是矿山完成年产量的关键。另外，在后期矿山地下水污染治理时，抽出井还可作为污染水抽至地表的通道。

一般情况下，抽出井和注入井结构相似，其主要差别仅仅表现在钻孔的直径上，抽出井的直径常常大于注入井。抽出井直径的大小主要取决于过滤器直径、抽液量及溶液提升设备的尺寸大小。为节省钻孔费用，抽出井可为变径结构。

3.1.4 监测井

在地浸采铀中用来监测含水层地下水状态和化学成分本底值及变化的钻孔称为监测井，也称观测井。我们可把地浸矿山监测井的监测大体分为三个阶段：地浸采铀试验前与试验期间的监测；生产期间的监测；生产结束后的地下水复原阶段的监测。通过化验分析可得到井场内抽出溶液中的化学成分，但这三个阶段中井场周围和矿层上含水层与下含水层中的地下水状态、化学成分本底值及元素迁移规律须通过监测井取样得知。

利用监测井主要是取水样，测量必要的参数，必要时也取固体岩芯样。鉴于监测井的任务性质，监测井一定要与某监测层连通，并且要安装过滤器以便取到水样。通常它的结构与抽出井和注入井类似，但比抽出井和注入井简单，尤其大批量施工监测井时更为如此。因一般不会利用监测井大量抽液与注液，过滤器因抽液与注液引起细粉砂流动而降低渗透性的几率远比抽出井与注入井小，因此，周围可不必填砾。井中既然没有大量的液体流动，也不会或很少产生沉砂，可不必考虑沉砂管。另外，从监测井的功能知道，因监测井不考虑大量抽液与注液，对抽液量与注液量无要求，井的直径可比抽出井与注入井小，达到节省钻孔费用，加快钻井速度之目的。

3.2 钻孔直径、深度和方向

3.2.1 开孔直径

钻孔直径包括开孔直径和终孔直径，有时还分为中间变径，特别是钻孔有护壁管时更为如此。钻机在地表开孔时的直径称为开孔直径。一径钻到底的钻孔是生产中常见的，这种钻孔开孔直径也即终孔直径。开孔直径与下列因素有关：

(1) 钻孔抽液量与注液量；

(2) 过滤器直径；

(3) 成井工艺；

（4）井的类别、功能和井内生产设备的尺寸；

（5）钻机、钻具，特别是钻头。

地浸采铀中除监测井外，对注入井和抽出井都要求有一定的注液量或抽液量，而且希望抽液量与注液量越大越好。为尽可能获得抽出井与注入井的最大抽液量与注液量，对过滤器设计时有特别的要求，最起码不能使它成为抽出液体通路中的瓶颈。钻孔的直径首先考虑满足过滤器直径的要求，只能比过滤器直径大而不能比过滤器直径小。钻孔的流量与众多因素有关，其中钻孔直径是主要因素之一，装有过滤器的钻孔流量可由裘布依公式算得，见式 2-15、式 2-16。

从公式中看出，钻孔流量直接受矿层渗透系数、含矿含水层厚度和孔内水位降深影响。孔内水位降深也即在抽液与注液过程中产生水力梯度的因素。与这三个因素对比，钻孔半径对钻孔流量影响不大，因它以对数值参与公式计算，与钻孔流量呈非线性关系。

后面要讨论的钻孔成井工艺中注浆、填砾、止水等也对开孔直径有影响，特别是注浆方式。若采用正向注浆方法，已知套管直径，那么开孔直径可依下列公式推算。

$$D = d_1 + 2c \qquad (3\text{-}1)$$

式中　D——钻孔直径，mm；

　　　d_1——套管外径，mm；

　　　c——孔壁与套管间环形空间厚度，mm。

根据此公式计算，并考虑钻头尺寸，确定开孔直径。若采用逆向注浆方式，孔壁与套管之间的环形空间中不需要插入注浆管，可不必考虑注浆管占用的空间，开孔直径要小于采用正向注浆方式时的大小。不管采用哪种注浆方式，都应留足止水水泥浆的厚度。注浆管一般采用直径 25～42mm 的钢管。环形空间厚度为 45～65mm 左右，其大小与岩性有关，泥岩遇水会缩径，可放大一些，松散岩层可小一些。

不同功能的井对孔径有不同的要求。监测井因不追求抽液量与注液量，且监测仪器的探头直径也不大，因此，孔径一般较小。抽出井要么下入风管要么下入潜水泵，风管直径较小，而下入潜水泵时就应考虑潜水泵直径。常用的潜水泵为 ϕ96mm，ϕ101.6mm(4in)泵和 152.4mm(6in)泵两种。注入井在使用氧气作氧化剂时要插入氧气管，否则不下入任何设备。氧气管直径较小，基本上不影响注入井开孔直径大小，但需考虑气体混合器的直径。无论是注入井还是抽出井，都要考虑开孔直径对抽液量与注液量的影响。

因为目前地浸铀矿山大半埋藏较浅，钻孔深在 300m 以内，与石油或天然气井比较起来属浅孔。既然是浅孔，所使用的钻机均为小型钻机。在钻孔施工中，因施工队伍不具备各种尺寸的钻头，而更改钻孔开孔直径是常见的事。

3.2.2 终孔直径

我们把终止钻进时的孔径称为终孔直径。如钻孔采用变径结构，为减少钻孔费用，终孔直径小于开孔直径。变径结构可用于潜水泵提升的抽出井，也可用于托盘结构的注入井。在这种情况下，潜水泵下放至开孔直径段，而过滤器安放在终孔直径段，终孔直径的大小与过滤器直径密切相关。一般情况下，钻孔的终孔直径应是过滤器的外径加上填砾层的厚度。不采用填砾的钻孔，选用与过滤器相应的钻孔直径作为终孔直径。

3.2.3 终孔深度

钻孔最终达到目的层的深度称为终孔深度。地浸采铀中，矿层一般夹在不透水的顶板与底板泥岩中。为保证注入的浸出剂不发生泄漏，注入井与抽出井的钻进不能穿过底板泥岩层，终孔深度以钻孔穿过开采层并考虑一定长度的沉砂管而定。在实践中，有些矿层厚度变化较大，为保证尽可能高的资源回收率，抽出井或注入井的终孔深度可能会因附近钻孔的见矿厚度而调整，并非完全依此孔见矿厚度而定。另外，在矿层与围岩渗透系数相差较大，地下水水位较深的条件下，为布置过滤器，抽出井与注入井终孔深度可能穿过矿层。对于监测井，终孔深度与布置的位置有关，以到达监测层为标准。总之，不管是抽出井、注入井还是监测井，终孔深度都与所要揭露的层段埋深直接相关。

3.2.4 钻孔方向

地浸的钻孔方向有垂直的(垂直孔)也有各种不同倾斜度的(斜孔)。地浸矿山多用垂直孔，在特殊的地貌环境中也用斜孔。垂直钻孔中，由于种种原因钻孔多半偏离设计的轴线，凡是钻孔实际轴线偏离了设计轴线的均称钻孔偏斜，简称孔斜。孔斜的程度用孔深、顶角和方位角三要素来确定。因钻孔发生孔斜，可能造成矿层变厚，或导致相邻两钻孔的距离较设计的井距偏大或偏小。因此，地浸钻孔采用垂直孔时，一般规定：钻孔顶角的最大允许斜度在 100m 深度内，不得超过 1.5°。

3.3 变径结构与非变径结构

3.3.1 概述

目前世界上地浸矿山应用的钻孔结构各式各样，各有特色。同一结构钻孔如按不同要素分类会列入不同的类别之中，按钻孔直径变化可分为非变径结构和变径结构；按止水方式可分为隔塞式、托盘式；按矿层部位钻孔特点可分为扩孔式、非扩孔式；按过滤器段结构，又可分为填砾式、裸孔式等等。不但按钻孔结构的不同特点可分为如此多类，而且，多种情况下一个井可能是变径、托盘式、扩孔、裸孔式结构。为讨论方便，我们将对钻孔结构的不同特点给予分别介绍。

3.3.2 变径结构

如图 3-1 所示，这种钻孔结构多半为潜水泵抽出井(图 3-1a)，或托盘结构的注入井(图 3-1b)，其特点是井身上半部直径大，下半部直径小。抽出井中由于要下入潜水泵，应以潜水泵直径确定套管及钻孔直径。假如用 101.6mm(4in)潜水泵，开孔直径大于 244mm，如用 152.4mm(6in)潜水泵，开孔直径大于295mm。确定钻孔直径的主要因素是过滤器直径的大小，对于

66

变径结构的抽出井，主要考虑如下几点：

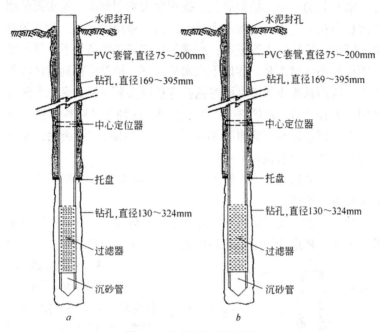

图 3-1　变径托盘钻孔结构

（1）潜水泵下入深度；

（2）钻孔成本；

（3）潜水泵扬程。

从抽液时降落漏斗的深度考虑，矿层与地下水动水位面的距离是确定能否采用变径结构的关键因素。距离大，潜水泵下入深度可调性大，即使采用变径结构，溶液提升时动水位也不会降至潜水泵位置以下，可始终保持潜水泵的正常工作。距离小，为保证在抽水过程中动水位不至于降至潜水泵以下，只能采用非变径结构。

钻孔成本与钻孔直径直接相关，直径越大，钻孔单位成本越高。钻孔单位成本与钻孔直径呈非线性关系，钻孔单位成本增加速率大于钻孔直径增大速率。鉴于这一原因，从节省钻孔费用角度出发，在满足潜水泵抽液工作的条件下，应采用变径结构，尽可能缩短钻孔上部大直径的深度。

潜水泵的价格与扬程有关，扬程越大费用越高。潜水泵使用费用也与扬程有关，扬程越大耗电越高，费用也越高。为节约资金，降低地浸矿山运行成本，在满足生产需要的条件下，尽可能选用扬程小的潜水泵。在地下水水位允许，抽量可得到满足的条件下，选用扬程小的潜水泵时钻孔直径没必要一径到底，下部可采用小直径钻进。从图 3-1a 中注意到，这种变径结构的钻孔不但钻孔上部直径与下部直径不一样，而且与图 3-1b 相比，套管上部直径与下部直径也不一样。

托盘式的钻孔为安装托盘方便，孔内必须有一突出台阶，只能采用变径结构。

值得注意，变径结构的钻孔在过滤器部位完成填砾操作较困难，因此，采用变径结构的钻孔成井时常采用托盘结构。

3.3.3 非变径结构

非变径结构是开孔直径与终孔直径相同的钻孔结构，如图 3-2 所示。这种钻孔结构可用于注入井、抽出井和监测井。

变径结构与非变径结构施工相比，有其不同之处。变径结构钻孔施工中要换钻头，对于潜水泵提升的抽出井还存在两种不同直径套管的连接问题。两种不同直径的套管可采用变径接手连接或焊接。

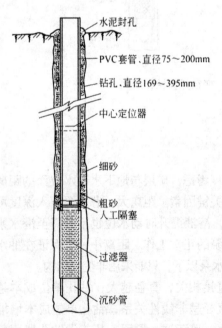

图 3-2　非变径人工隔塞止水结构

水泥封孔

PVC套管，直径75～200mm

钻孔，直径169～395mm

中心定位器

细砂

粗砂
人工隔塞

过滤器

沉砂管

3.4 隔塞结构与托盘结构

3.4.1 人工隔塞

地浸采铀中钻井仅作用于目的层，无论是抽出井、注入井还是监测井都要求与其它含水层隔离。各含水层间的隔离有各种各样的方法，我们称为止水方式。以不同的止水方式可将井结构分为隔塞式、托盘式，隔塞又分为人工隔塞和水泥隔塞。

人工隔塞如图 3-2 所示。这种隔塞由石膏制成，随套管一起下入孔中，然后填砾石、细砂，最终水泥封孔。它使用方便、止水效果好，但这种隔塞要求有专门生产厂家。

3.4.2 水泥隔塞

3.4.2.1 概述

水泥隔塞也即填砾式结构，如图 3-3 所示。这种钻孔结构在下入套管后向孔壁与过滤器之间的环形空间填入砾石，形成一个人工过滤层，增大过滤器及其周围的有效孔隙率。同时，填砾还有利于矿层洗孔时最佳过滤层的形成，防治矿层坍塌，防止含矿含水层的砂粒进入过滤器内，保护过滤器，延长其使用寿命。填砾式结构多用于粉砂、细砂含量大的矿层，相对来讲，当矿层粗砂、砾石含量大时，采用非填砾结构。

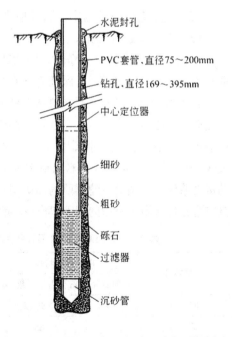

水泥封孔
PVC套管,直径75～200mm
钻孔,直径169～395mm
中心定位器
细砂
粗砂
砾石
过滤器
沉砂管

图 3-3 水泥隔塞钻孔结构

砾石投入后，投入粗砂、细砂，最后注入水泥浆。待水泥浆凝固后，砂与水泥浆段成为水泥隔塞，将含矿含水层与上含水层隔开。这种钻孔结构易实施，不需加工任何装置。但这种结构在施工中要求严格，尤其投砾量一定算好，决不能高出矿层顶板泥岩层，否则会影响隔水效果或根本起不到隔水作用。

填砾结构常用于矿层不太稳定、颗粒分选性差的钻孔施工中。但是，因为过滤器周围填充砾石，阻碍了矿层孔隙水直接进入过滤器，给洗孔造成困难。特别是地下水水位埋深大的钻孔，本身洗孔就困难，再采用填砾结构，就会雪上加霜，应引起注意。

3.4.2.2 天然砾石

天然砾石是指天然形成的砂砾，可在河床附近找到，它是填砾常用的材料。填入的砾石应符合如下要求：

（1）严格筛分，合格率大于 90%；

（2）成分应以石英为主，石英应占 95% 以上；

（3）不得有过多棱角。

砾石应是滚圆的、干净的，因为圆砾比扁砾在泥浆中下降速度快 5 倍[10]。采用圆砾可保证砾石在泥浆中下放时不被分选。

正确选择砾料的直径是填砾成功的基本条件，砾石直径的大小根据矿层中砂岩粒度而定。在抽液与注液过程中，填砾可阻挡粉细砂进入过滤器。鉴于这种原因，填砾时要慎重确定砾料直径的大小，表 3-1 是推荐的不同矿层颗粒时砾料的大小[11]。为防止填砾后注入的水泥浆渗入，堵塞过滤器段的填砾层孔隙，在过滤器之上应逐一投放直径比砾石小一级的细砂和粉砂，形成分级隔塞。

表 3-1　矿层颗粒与砾石直径和填砾厚度的关系

矿层组分	矿层颗粒特性		砾料直径与填砾厚度	
	颗粒直径 /mm	占百分数 /%	砾料直径 /mm	填砾厚度 /mm
卵　石	>3.0	90 以上		
砾　石	>2.25	85~90	一般不填砾	
砂　砾	>1.0	80~85		

矿层组分	矿层颗粒特性		砾料直径与填砾厚度	
	颗粒直径/mm	占百分数/%	砾料直径/mm	填砾厚度/mm
粗 砂	>0.75 >0.5	70~80	4~6	75~100
中 砂	>0.4 >0.3 >0.25	60~70	3~4 2.5~3 2.0~2.5	75~100
细 砂	>0.2 >0.15	50~60	1.5~2.0 1.0~1.5	100~150
粉 砂	>0.1	50~60	0.75~1.0	100~200

　　某矿床含矿含水层段为中砂，粒径 0.2~0.4mm，钻孔采用填砾结构，在过滤器段投放直径 2~4mm 的砾石；在其之上投放直径 1~1.5mm 的砾石，高度超过过滤器顶部 0.5m；然后再投放 0.5m 高，直径 0.5~1mm 的细砂；最终投放 0.5m 高，直径 0.15~0.35mm 的粉砂。

　　不同粒径砂砾的投放高度受矿层与顶板泥岩之间的距离约束。如距离小，则投放各级砂砾的高度也相应减小，以保证封孔时水泥浆不超出顶板泥岩层。

　　所选用砾石直径之间的大小差别称为砾石均匀度。目前，过滤器周围的填砾是采用一种直径的砾石还是采用多种直径的混合砾石说法不一。虽然尚未得到统一的看法，但经实验室试验证明，无论是渗透性还是孔隙率，一种直径的砾石均优于多种直径的混合砾石。选用砾石时，可将 8% 作为直径的允许误差。例如，砾料直径为 3mm 时，应采用 3.24mm 和 2.76mm 的两种筛网过筛。

　　填砾颗粒的大小，也可从下面的经验公式中计算[12]：

$$D/d = 8 \sim 12 \tag{3-2}$$

式中　D——填砾颗粒的直径，mm；

　　　　d——矿层颗粒直径，mm。

　　沿过滤器径向过滤器与钻孔壁之间环形空间的厚度称为填砾

厚度。增加填砾层厚度，可扩大具有良好透水性能的人工过滤层范围，增加钻孔的出水量。从实验室试验得知，只要砾石直径选择合适，填砾厚度仅是砾石直径的2～3倍即可。当然，因很难控制如此薄的砾石层能均匀地分布在过滤器周围，实际操作中填砾厚度均大于此厚度。一般情况下，填砾最小厚度不应小于50mm。表3-1给出了不同矿层不同直径颗粒填砾厚度的大小。

在确定填砾高度时，应考虑在洗井过程中，砾料会振实下沉（一般下沉填砾高度的1/10左右）。一般情况下，填砾应高出过滤器顶部2～3m，但不宜超过矿层顶板，否则，易导致含矿含水层与上部含水层沟通产生越流，影响抽液效果。在地浸采铀试验与生产阶段，如填砾过高还易导致上含水层污染。砾料用量采用以下公式计算：

$$Q = 0.785(D^2 - d^2)LK \tag{3-3}$$

式中　Q——填砾量，m^3；

　　　D——孔径，m；

　　　d——套管外径，m；

　　　L——填砾高度，m；

　　　K——超径系数，$K = 1.1 \sim 1.3$。

3.4.2.3　人造砾石

填砾除采用天然砾石外，还可采用人造砾石。人造砾石主要使用塑料球，这种塑料球式填砾与天然砾石填砾操作程序相反。天然砾石是先下入过滤器而后填入砾石，而塑料球是先投至过滤器段，然后下入套管和过滤器，将塑料球挤开，围在过滤器周围。人造砾石的塑料球填砾方法比较复杂，尚未得到广泛应用。

另一种人造砾石为聚乙烯碎粒，这种人造碎粒可以像天然砾石一样填入，也可在套管下入后，先填入碎粒，再将过滤器和钻杆一起下入孔中。下放时，钻杆在过滤器中间，由钻杆顶端产生的水流将碎粒冲开，边冲动边下放过滤器，直至到位，如图3-4所示。

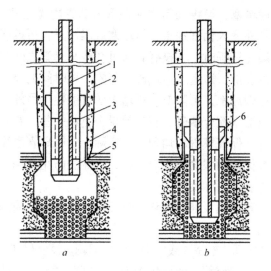

图 3-4　预先将砾石填入钻孔底部的过滤器装置
a—砾石填入；b—过滤器安装定位；
1—钻杆；2—套管；3—过滤器；
4—栓塞器；5—沉淀器；6—密封件

3.4.2.4　填砾施工

填砾有人工填砾或机械填砾两种方法，人工填砾又分为导管
灌注和静止填砾。人工填砾的两种方法优缺点见表 3-2。

表 3-2　人工填砾方法对比表

方　　法	操作程序	特　　点	适　用　范　围
静止填砾	填砾前彻底换浆，停泵填砾。先冲后填，孔口填入砾料	方法简单，可通过井口返水情况判断填砾质量	井壁完整，地层稳定，投入位置浅
导管灌注	通过钢管投入砾料，边投边冲	避免架桥，投入砾料准确，填砾速度慢，易堵塞	井壁不规则，地层不稳定，投入位置较深

静止填砾时，井中的冲洗液处于相对静止状态，砾石应由套
管四周均匀地填入，填入的速度不宜太快。在填砾过程中应经常
用测棒测量填砾高度，以了解填入的砾料是否达到计划的位置。

如填砾中途堵塞，可将抽筒式活塞下入套管内缓慢地上下提动，也可在套管外下入钻杆送水，将填塞砾料冲开，再继续填砾。

导管灌注填砾时，将投砾管通过孔壁与套管之间的环形空间下至过滤器底部，边送水边填砾，每隔一段时间上提2～4m。这种填砾方法因冲水，可降低填砾堵塞的可能性。另外，导管灌注时，套管内抽水配合填砾，有时效果会更好一些。有人建议插入两根填砾管，保证填砾的均匀性，实际上，因导管灌注法多用于深孔，很难保证两根管路相对摆布，也无法防止搅绕。因此，这一建议未得到认同和实践。

机械填砾是用泵通过管路将砾石输送至过滤器周围，机械填砾操作时间短，充实性好。

填砾常出现"架桥"或四周不匀的问题。经验得知，为防止填砾过程中产生"架桥"，砾石直径应小于孔壁与套管环形空间厚度的1/3。套管与孔壁之间的环形空间太小时，不宜采用填砾结构。

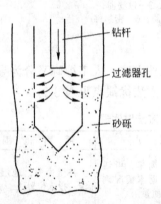

图 3-5　高压水填砾法示意图

另外，有些矿山投砾方法与上述介绍的两种方式不同。投砾时将精心选好的石英砂从套管内下入，然后用高压水冲，砂砾经过滤器上的孔压入管外环形空间，如图 3-5 所示，当输送管路上的压力增大时，表示过滤器段已充满。根据不同矿层粒级，砾石直径为 0.5～1.3mm，充填厚度为 50～75mm[13]。

3.4.3　托盘结构

焊接在套管上坐入泥岩中承担隔断含矿含水层与上部含水层作用的圆盘称为托盘，如图 3-6 所示。采用托盘结构的钻孔称托盘结构，如图 3-1 所示。这种托盘结构上下两层为厚约 10mm 的塑料板，中间为橡胶，厚约 10mm。夹板外径比钻孔直径小 20～

74

30mm，橡胶垫外径比钻孔直径大10mm左右或等于钻孔直径[14]。

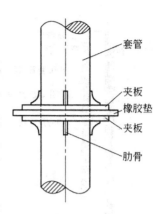

套管

夹板
橡胶垫
夹板

肋骨

图 3-6　托盘示意图

施工时将托盘焊在套管上、下入孔中，然后投入少量砾石、粗砂、细砂，最后注入水泥浆。另外，套管下放到位后，也可先投入砾石和黏土球进行临时止水，经检查临时止水效果满意后再注入水泥浆。因托盘位于矿层上部，投砾量不受矿层高度影响，以堵死托盘与钻孔间的间隙为准。投砾量视钻孔直径而定，如砾石量 5kg，细砂 5kg。使用中，粗砂粒径 0.5～1mm，细砂 0.1～0.25mm，粉砂＜0.1mm。托盘结构加工简单，现场施工方便，止水效果好。采用托盘结构意味着过滤器段为裸孔，因托盘将上端封死，砾石无法投入到过滤器段。实践中，要求托盘要坐落在稳定的岩层中，过滤器段矿层稳定不易坍塌或矿层颗粒以粗砂为主，即使坍塌也不会堵死过滤器，降低透水性。

为防止在套管下放过程中托盘与孔壁相碰撞遭到损坏，可在托盘夹板与套管之间焊上肋骨。另外，为了保证套管顺利下放，可在托盘上打孔，降低下放过程中泥浆的阻力。

托盘结构用在含有膨胀黏土层的地层中应特别注意，因黏土遇水收缩，会造成缩径。在这种情况下，如采用托盘结构势必带来麻烦，托盘大了，通过黏土膨胀段时很难下入；托盘小了，又无法在变径处卡死，因此，遇到这种地层时要认真考虑采用托盘结构的合理性。

3.5　扩孔结构与裸孔结构

3.5.1　扩孔结构

将矿层段孔径扩大的结构为扩孔钻孔结构，如图 3-7。扩孔

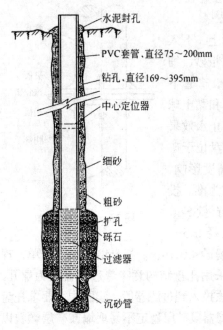

水泥封孔

PVC套管，直径75～200mm

钻孔，直径169～395mm

中心定位器

细砂

粗砂

扩孔

砾石

过滤器

沉砂管

图 3-7 扩孔钻孔结构

的主要目的是增大钻孔抽液量或注液量。扩孔要求有专门的工具，扩孔工具种类很多，如水力喷射扩径器、偏心钻具扩径器、偏心钻头扩径器等。一般情况下，扩孔的位置局限于矿体部位，故常常称为局部扩径钻孔结构。图3-7 所示是填砾扩孔结构，扩孔结构也可为裸孔结构（图 5-9）。

3.5.2 裸孔结构

裸孔结构也称非填砾结构，过滤器与钻孔壁之间不填入任何物质呈裸露状态。这种过滤器结构要求矿层相对稳定或矿层主要为粗砂岩，在孔壁坍塌之后不至于影响过滤器的正常过滤作用。另外，地浸矿山使用的托盘式或人工隔塞式钻孔结构即为裸孔结构，如图 3-2 所示，主要利用托盘或隔塞将含矿含水层与上部含水层隔开。托盘或隔塞坐入顶板泥岩中，上部注入水泥浆封孔。裸孔结构在地浸矿山中广为应用。

3.6 临时止水方法

3.6.1 黏土止水

地浸钻孔施工中止水方式分为两种，临时止水和永久止水。钻孔在永久止水前用黏土或其它材料临时封堵含矿含水层与其它含水层水力联系的操作称为临时止水。临时止水对于地浸采铀钻孔是永久止水前的工艺过程，即在使用水泥封孔前为确保止水质量而采取的临时措施，只有在临时止水效果得到保证后，才能进行永久水泥封孔操作。常用的临时止水材料有黏土、海带、桐油石灰、橡胶制品等。

黏土是一种具有一定黏结力和抗剪强度，压实后又具有不透水性的材料。它经济实用，来源广泛。黏土止水是在套管下放至孔内后，封孔之前所采用的临时止水方法。这种方法将黏土球从地表井口投入，待一定时间后，黏土球遇水膨胀起到隔水作用。黏土止水在地浸钻孔施工中常常采用，无论是托盘结构还是人工隔塞结构均可采用。套管下入孔中后，将黏土球投至托盘或隔塞处起到膨胀止水作用。

3.6.2 海带止水

地浸钻孔止水方法中也有用海带作为临时止水材料的。海带是常见的植物，它具有柔软，遇水膨胀，压缩后不透水的性能。使用时选用宽而厚的海带缠绕在套管外壁上，缠绕长度 0.5m 左右[10]，缠绕后的管外径以放入钻孔为准。缠绕后可在海带外包一层纱布或其它薄膜，外涂黄油。

海带止水简单易操作，货源广，作为临时止水是可采用的一种方法。海带缠好后下入钻孔中的操作应迅速，以免海带遇水膨胀造成套管下放困难。

3.7 水泥特性与封孔方法

3.7.1 水泥特性

在地浸钻孔中，采用合适的止水材料封闭套管与孔壁之间环形空间的过程称为封孔。封孔是地浸钻孔成井工艺中最重要的工序之一。封孔的目的是保证钻孔成井后只作用于目的层，而将其它含水层与此层完全隔离。另外，封孔还可保护套管不受地下水腐蚀，保持套管稳定性与强度。地浸采铀中钻孔封孔的主要材料为水泥，因为水泥具有如下优点：

（1）属普通材料、易购置，使用方便；

（2）成本低、不污染环境；

（3）流动性好，与围岩粘结牢固，强度高；

（4）固结时间合适，并可调整；

（5）品种齐全，添加剂种类多。

水泥是建筑业中最常用的材料之一，国内外水泥厂鳞次栉比，而且众多的普通民众都有使用水泥的知识。水泥价格低廉，并且无论是固结前还是固结后水泥均无毒、无气味、不污染环境。钻孔封孔施工中，由于钻孔上百米深，固井材料要在注浆管中长距离流动而必须有良好的流动性，水泥浆具有这一特点，可用泵输送。水泥浆经化学反应后极易与围岩粘结，固结性好，强度高。由于水泥浆易流动，它可渗入岩层裂隙中与岩层胶结为一体。水泥浆在凝固后有较强的抗腐蚀性能，即便接触到泄漏的酸碱溶液也能保证开采阶段不裂损，套管可受到完好的保护，使用防酸水泥时更为如此。水泥浆初凝时间几个小时，这正符合封孔的要求。因在封孔时如水泥浆凝结时间太长会因地下水的作用而稀释，降低水灰比与强度。通常，水泥浆凝固时间越短越好。再则，水泥浆的凝固时间可通过掺入速凝剂、缓凝剂等调节。一般情况下，在封孔现场需往水泥浆中加入氯化钠作为速凝剂，促使水泥浆提早凝固。

目前市场上销售的水泥品种有普通硅酸盐水泥、防酸水泥、铝酸盐水泥、膨胀水泥、早强水泥等，品种繁多。封孔多采用普通硅酸盐水泥或在隔塞段使用防酸水泥。水泥的添加剂更是品种齐全，如速凝剂、缓凝剂、早强剂和发泡剂等。

3.7.2 水泥浆性能

水泥封孔常用425号硅酸盐水泥，矿物组成可见表3-3[11]。

表3-3 硅酸盐水泥熟料矿物组成及特性

矿物组成	化学分子式	缩写式	含量/%	水化速度	水化放热	放热速度	强度	作　用
硅酸三钙	$3CaO \cdot SiO_2$	C_3S	37～60	快	大	大	高	决定水泥标号

矿物组成	化学分子式	缩写式	含量/%	水化速度	水化放热	放热速度	强度	作用
硅酸二钙	$2CaO \cdot SiO_2$	C_2S	15~37	慢	小	小	早期低后期高	决定后期强度
铝酸三钙	$3CaO \cdot Al_2O_3$	C_3A	7~15	最快	最大	最大	低	决定凝结时间
铁铝酸四钙	$4CaO \cdot Al_2O_3 \cdot Fe_2O_3$	C_4AF	10~18	较快	中	中	较高	决定抗拉强度

配制好的水泥浆特性如下：

（1）水灰比：如图 3-8 所示，水泥浆凝结时间和凝结后的抗压强度都与水灰比有关。水灰比过小，水泥颗粒水化不好；水灰比过大，水泥颗粒间距增大，这两种情况都使强度降低。水灰比增大还会延长水泥浆初凝与终凝时间。封孔水泥浆水灰比一般为 0.5~1。

（2）凝固时间：初凝时间 5.5h，终凝时间 9h。

（3）流动度：>45cm。

（4）速凝剂：氯化钠加入量为 1%~2%。

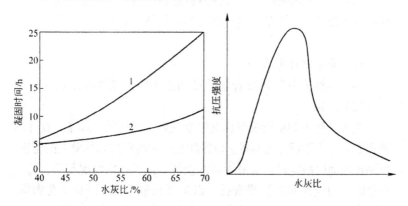

图 3-8　水泥凝固时间、抗压强度与水灰比关系

1—终凝时间；2—初凝时间

3.7.3 速凝剂

为了加快水泥浆的凝结速度，增加水泥浆凝结后的强度，缩短成井时间，在水泥浆的配制中常加入速凝剂。常用的速凝剂有水玻璃、氯化钠、711等。因氯化钠在现场易购置、使用方便，已作为封孔常用的速凝剂。

氯化钠为无机化合物，具有电解质的阳离子聚结作用，特别是高价阳离子的凝聚能力强，促使水泥凝结时间缩短，而低价阳离子当其浓度高时也有促凝效果。根据溶度积规则的原理，加入速凝早强剂提高了低溶度物的浓度，使其较早达到饱和提前结晶，从而起到促凝早强作用。水泥浆凝结速度越快，洗孔前的停留时间越短，这可减少泥浆对矿层的污染。

3.7.4 封孔方法

封孔的目的是隔离其它含水层与含矿含水层的水力联系，保护套管。封孔时，靠近矿层部位应采用防酸水泥，以防止酸溶液对水泥隔塞的腐蚀。

封孔工艺顺序如下：

（1）选定水泥品种及添加剂；

（2）水泥浆调配试验，试验内容包括测定水泥浆流动度；测定水泥浆初凝时间和终凝时间；测定加氯化钠之后的效果；测定水泥浆密度；

（3）确定水泥浆配方；

（4）根据测井资料及套管外径和止水段长度计算注浆量；

（5）注浆。

为了使注入的水泥浆与孔壁结合完好，保证封孔质量，在注水泥浆之前，应进行冲孔换浆，以排除孔内岩屑和清除孔壁上的泥皮。当钻孔内地层稳定时，应采用清水换浆，如果孔内情况复杂，孔壁不稳固，则应采用稀泥浆洗孔，以减薄孔壁泥皮，防止钻孔坍塌。根据水泥浆的注入方式，封孔方法分为正向注浆和逆向注浆。

3.7.5 注浆方式

3.7.5.1 正向注浆

正向注浆是封孔常用的方法之一，所谓正向注浆是将水泥浆通过注浆管直接注入套管与孔壁之间的环形空间。注浆管直径25~42mm，端口距待注浆段底部4~10m，然后随注入的进行不断提升注浆管。水泥隔塞至地表段孔壁与套管间环形空间有两种处理方法：一是将水泥浆一直注到地表，整段采用水泥封孔；二是水泥隔塞之上用黏土充填至地表。采用哪种方法取决于地层和现场施工条件，如顶板连续、完整，可用黏土充填隔塞以上段；整段用水泥浆封孔，要待地表返浆才能停止注浆。注浆由注浆泵完成。这种注浆方式操作简单但容易产生混浆段，封孔质量难以保证。

3.7.5.2　逆向注浆

逆向注浆是将水泥浆从套管内压入，经套管上的小孔进入套管与孔壁间环形空间的注浆封孔方法。逆向注浆时，需将套管内矿层段与水泥注浆段交界处用隔塞堵死，隔塞以上20mm处套管壁上有两个直径25mm左右的小孔。水泥浆在压力下沿套管流下，经小孔进入套管外壁与孔壁之间的环形空间，如图3-9。注浆量事先算好，在注浆结束时，向套管内压入清水，将孔内水泥浆全部压出。然后，保持套管内压力直至水泥浆完全凝固为止。钻孔生产前将套管内隔塞去掉。这种注浆方法操作复杂，但不会产生混浆段，封孔质量好。

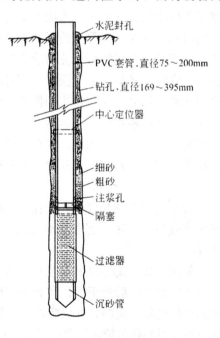

图 3-9　逆向注浆示意图

3.7.6 封孔质量检查

3.7.6.1 观察套管内与套管外静水位变化

封孔工作结束后，一定要进行封孔质量检查，以确保地浸钻孔的使用寿命。检查封孔质量的方法很多，常用的有以下3种。(1)套管下放到位后，对于填砾结构，钻孔填砾后可先注入一些水泥浆，待初凝后便可检查止水效果；(2)对于人工隔塞和托盘结构可利用黄泥球或海带临时止水，几小时后就可检查止水效果；(3)对于临时止水检查的最好办法是观察套管内与套管外静水位变化，套管内静水位下降说明止水效果良好。无论是采用哪种钻孔结构和止水方式，必须待临时止水得到确认可靠之后才能实施永久止水方案。这一办法只能在承压水的条件下采用。

大量的地浸采铀实践得知，如矿层以上存在其它含水层，钻孔施工后使钻孔深度内各含水层串通，孔内水位常常是最上部含水层的静水位。如含矿含水层为钻孔深度内的惟一含水层，那么孔内反映该含水层的静水位。地浸采铀大半发生在承压水的条件下，由于承压水的特性，孔内静水位要高于含矿含水层水位。封孔后，水泥浆将各含水层隔断，套管内仅能通过过滤器与含矿含水层连通。如果封孔质量得到保证，套管内静水位应下降，下降至含矿含水层静水位，而套管外静水位仍是上部含水层静水位，高于套管内的水位。因此，观察套管内与套管外，封孔前与封孔后静水位变化是检查止水效果好坏的行之有效的方法。

3.7.6.2 声幅测井

观察套管内与套管外，封孔前与封孔后静水位变化是检查临时止水效果的方法，而水泥永久止水质量检查通常采用声幅测井来完成。

如图3-10，发射探头 F 发射声波信号，套管中泥浆和套管接口处产生波的反射和折射，在套管中形成滑行波。由于泥浆与套管的声阻抗是一定的，其波阻抗差值沿井深是不变的，故声波在接口处反射和透射能量不变，则在套管中得到的滑行波幅度一定。但滑行波在沿套管传播过程中，又将不断地把一部分能量折回井中，把一部分能量透射到水泥中去。对水泥与套管胶结良好的井段(图3-10中AB段)，因套管声阻抗与水泥声阻抗差值较小，透射到水泥中的能量多，折射到水泥中的能量少，所以接收探头 J 接收到的声波幅度小；而水泥与套管胶结不好的井段(图3-10中BC段)，因在水泥中有洞隙存在，声阻抗变低，透射到水泥中的能量变小，而折回到水泥中的能量必然增大，故接收到的声波幅度变大。根据固井声幅曲线的变化可判断水泥封孔质量。

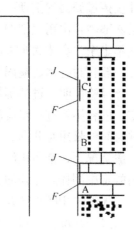

图3-10 声幅测井示意图

3.8 洗井的目的与洗井方法

3.8.1 洗井的目的

利用某种方法将钻孔过滤器周围淤塞物洗掉的操作称为洗井或洗孔。洗井可清除井壁上的泥皮，并把渗入到含矿含水层中的泥浆抽吸出来，同时抽洗出含矿含水层中的一部分细小颗粒，扩大含矿含水层的孔隙，形成一个人工过滤器。任何一种泥浆钻进方法都会对井壁周围的含矿含水层产生程度不同的损害，在井壁形成泥皮，堵塞进水通道，降低矿层的渗透性，影响钻孔抽液量或注液量。

通常说的洗井，主要指钻孔封孔后成井的洗井和生产中过滤器堵塞时的洗井。洗井方法较多，诸如压缩空气洗井、活塞洗井、化学洗井、喷射洗井等。这些方法或多或少在地浸采铀中应用，最常用空压机洗井和向井内注入 HCl、HNO_3、H_2SO_4、HF 的化学方法洗井。这里我们着重讨论钻孔封孔后成井阶段的洗井。成井后洗井的目的是清除掉井壁上的泥皮，把渗入矿层中的泥浆和岩屑抽吸出来，恢复矿层渗透性。洗井是利用液体在过滤器中反复流动冲洗矿层，破坏砂砾之间产生的"架桥"。通过洗井洗掉过滤器周围细砂，使砂砾层重新排列，形成由过滤器向矿层深部砂粒由粗变细的天然过滤带。渗入矿层内的泥浆、岩屑如洗不出来，会成为永久淤塞物，降低原含矿含水层的渗透性。洗井一般在封孔水泥凝固后 6～10h 开始。

经验证明，过滤器周围形成的环形粒度分级带会使地层稳定，砂粒不再进一步流动，矿层可恢复到天然渗透性的状况。洗井时间的长短与井深、井径、地下水水位埋深及施工状况有关，一般情况下，空压机洗井快则几小时，长则几天。洗井后要求抽出的水中固体悬浮物的含量不应超过 0.1g/L。

无论采用哪种洗井方法，洗井前需下入管路用高压清水冲洗矿层过滤器部位。这可利用钻机泥浆泵和钻杆完成，它可将钻孔时的稠泥浆冲洗出井外。

3.8.2 压缩空气洗井

3.8.2.1 原理

压缩空气洗井是借助空气压缩机抽水过程而进行的一种洗井方法。洗井时空压机产生的压缩空气经由风管送入钻孔套管内，压缩空气以高速喷出造成水气混合在管内形成涡流，冲刷过滤器及套管。冲洗过程中水气经过滤器来回运动，过滤器及套管壁上的泥皮、粉砂被气水混合物带至地表排放掉。

气与水混合后密度比水小，密度小而上升，从而污物随气水一起喷出井口。

3.8.2.2 空气压缩机的选择

表 3-4 为小型空压机系列。选择空压机主要依据额定排气压力、风量、动力方式和外形尺寸。

表 3-4 小型空压机系列

项目 型号	功率 /kW	电压 /V	转速 /r·min⁻¹	额定排气压力 /MPa	安全阀开启压力 /MPa	风量 /m³·min⁻¹	重量 /kg	外形(长×宽×高) /mm
Z-0.12/7	1.1	220	2800	1.0	1.1	0.12	120	800×420×820

项 目 型 号	功率 /kW	电压 /V	转速 /r·min⁻¹	额定排 气压力 /MPa	安全阀 开启压力 /MPa	风量 /m³·min⁻¹	重量 /kg	外形(长× 宽×高) /mm
V-0.14/7~10	1.5	380 (220)	2880	0.7~ 1.0	1.1	0.14	120	850×440 ×850
V-0.17/7~10	1.5	380 (220)	2800	0.7~ 1.0	1.1	0.17	120	850×440 ×830
V-0.25/7~10	2.2	380	1400	0.7~ 1.0	1.1	0.25	125	850×440 ×850
V-0.28/12.5	3	380	2880	1.3	1.3	0.28	172	1210×450 ×850
V-0.3/12.5	3	380	2880	1.3	1.3	0.3	172	1210×450 ×850
V-0.36/0.7~10	3	380	2880	1.0	1.1	0.36	172	1210×450 ×850
V-0.48/7	4	380	2890	0.7	0.77	0.48	197	1210×450 ×870
V-0.67/7	5.5	380	2900	0.7	0.77	0.67	243	1540×520 ×1150
W-0.6/10	5.5	380	2900	1.0	1.1	0.67	243	1540×520 ×1150
W-0.74/14	7.5	380	2900	1.4	1.54	0.74	333	1700×540 ×1150
W-0.8/10	7.5	380	2900	1.0	1.1	0.8	261	1540×520 ×1150
W-0.9/7	7.5	380	2900	7.0	0.77	0.9	265	1540×520 ×1150
W-1.0/7	7.5	380	2900	0.7	0.77	1.0	265	1540×520 ×1150
W-1.6/7	11	380	2630	0.7	0.77	2.0	340	1540×520 ×1450
W-2/7	15	380	2930	0.7	0.77	2.0	340	1540×520 ×1450
W-2.5/7	15	380	2930	0.7	0.77	2.45	342	1540×520 ×1450

大多数已开采的地浸矿床埋深在300m以内，但地下水静水位深浅却不同，地下水水位较深时，空气洗井困难，要采取特殊办法。无论是地浸现场试验还是生产，如有电力供应，在空压机动力方式上应优先选用电动式。一般在试验阶段或用潜水泵提升浸出液的生产阶段，采用移动式空压机较为合适，因它体积小、移动方便、效率高。而对于空气提升浸出液的生产矿山，可利用大型主空压机洗井，但这种办法风压损失大、效率低。

3.8.2.3 风管的选择

风管是连接空压机插入套管内的进气管路。利用压缩空气洗井，为便于操作，风管多采用直径25～50mm的PE管。这种管密度小、柔性大、使用方便。风管的长短视钻孔的深度、地下水水位和空压机额定排气压力而定。PE管前端可接一根长1.5m左右的钢管，前端钻有一排排直径1～5mm的小孔，管端出口堵死，增强洗井效果。

3.8.2.4 洗井操作

洗井中停停洗洗的操作方式称为间歇式洗井。间歇式洗井操作时，在第一次深度上洗井几小时后关闭空压机停止洗井，然后将风管继续往深处插，启动空压机完成第二次深度上的洗井工作，周而复始直至孔内返出清水为止。间歇式洗井风管插入套管内的深度为：

$$H = p_a / p_w \tag{3-4}$$

式中　H——风管插入深度，m；

　　　p_a——空压机额定压力，MPa；

　　　p_w——每米水柱压力，0.01MPa。

为考虑空压机的启动压力，实际风管插入深度应小于上述计算值。

套管中插入风管后将孔口堵死，启动空压机一段时间后再将孔口打开的洗井方法称为封口式洗井。洗井时，在风压的作用下搅动套管中的水，形成涡流。由于孔口堵塞上浮的污水出不去，在套管内振荡类似于洗刷瓶子。一段时间后将孔口打开，让污水喷出井外，经数次停风、送风之后，即可连续向井内送入压缩空气，抽出井内的积砂和泥浆，如此反复进行，直至出水变清为止。这种洗孔方法效率高，可缩短洗井时间。但在打开孔口操作中由于压力较大，污水外喷，不易控制。

在套管中下入一趟管路，将风管插入这趟管路中的洗井方法称为同心管洗井。为了减少出水面积，降低气量消耗，利用空压机洗井时可采用同心管办法。这种洗井方式是先下入直径合适的管路，然后再将风管下入这趟管中。管路直径为60mm左右，下至过滤器位置。

对于地下水水位埋深较大的钻孔，由于受空压机能力的限制，很难用一趟风管完成洗井任务。地下水水位埋深大时井内液体提升高度大，上升到一定高度后，混气量增大，气液分离，液体不再上升。针对这种情况，可采用并列下两趟风管，底端高度相差几十米，每趟风管分别连接不同的空压机，起到液体提升的接力作用。这种在套管内下入两根不同长度的风管接替洗井的方法称为接力洗井。这种方法对于大水位埋深的钻孔洗井行之有效。

这种接力式洗井也有同时下入三趟同直径风管的方法，利用大风量、大压力的空压机洗井。当然，接力洗井也可与同心式相结合，利用两台空压机洗井。

3.8.3 活塞洗井

利用活塞抽吸作用的洗井方法称为活塞洗井，它可分为直接冲洗、反向冲洗和联合冲洗法。这种洗井将活塞装在钻杆上，下放至过滤器上部，利用升降机上下拉动活塞，使活塞在套管内往复运动，将套管内污水排至地表。活塞一般有三层密封胶圈，在套管内产生抽吸和水击作用。

因活塞洗井拉动力大，所以目前多用在钢套管中。PVC套管承压能力小，内壁光滑程度差，接头处凸凹不平，所以活塞洗井方法尚未在PVC套管中广泛应用，但也有成功的实例。

3.8.4 化学试剂洗井

由于地下水水位埋深大、钻进泥浆过稠、终孔后停滞时间过长等原因，仅靠压缩空气洗井有时达不到理想的效果，在这种情况下，可考虑化学洗井方法。化学洗井，顾名思义是利用化学试剂的洗井方法，通常使用的化学试剂有 HCl、HF、H_2SO_4、焦磷酸钠和表面活性剂。化学洗井的原理是利用化学试剂与泥皮的接触，发生化学反应使泥皮溶解并通过抽水将其带至地表。洗井时可将化学试剂注入井中，浸泡 48h 后抽出。化学洗井可同时使用几种化学试剂，如用 25kg HCl、50kg HF，有时可得到较好的效果。

洗井时，先注入化学试剂，如 HCL、HF 等，然后静泡几小时或几十小时。利用化学方法洗注入井时应特别注意，要仔细分析洗井后井注液量增大的现象[15]。有时注液量增大并非反映矿层渗透性改善或注入井周围堵塞疏通。换句话说，注入化学试剂后，即便对矿层或注入井附近堵塞无任何作用，几小时或几十小时再注入时注液量也会增大。这是由于井场未抽出与注入前各井地下水水位相等(因各井间距不大)，而抽出与注入后，抽出井水位下降，形成波谷；注入井水位上升，形成波峰。在抽出与注入稳定后，便维持这种波峰与波谷的状态。现场试验证明，将注入井停止注入一段时间，不注入任何试剂，然后重新注入，注液量开始明显增大，然后逐渐减少至原水平。这说明，注入时间太短未反映出井的真实注液量。这时测得的井的注液量是在地下水水位未形成峰谷的情况下得出的，而随注入的进行，地下水原始流场被破坏，形成新的平衡关系。在新形成的平衡状态下，井的注液量与抽液量才真正反映井场正常抽注状态下的抽注能力，称为平衡点，或抽出与注入平衡时的抽液量与注液量。在开始抽出与注入时，注入的浸出剂主要是形成波峰，根据水动力学条件，这时的注液量肯定大。而在波峰形成后，水动力学条件发生变化，注液量减少。这种现象就是在单井注入的情况下也是成立的。

因此，在地浸采铀试验和生产中，采用化学方法洗井时应分析化学试剂的反应状况，确定其是否真正起作用，还是因波峰与波谷造成的假象。

3.8.5 二氧化碳洗井

采用向井内注入 CO_2，使其在井内产生强烈的物理效应，冲击和扰动填砾层和含水层，迫使井内的污水喷出地表的洗井方法称为二氧化碳洗井。二氧化碳洗井是近年来新发展起来的一种先进的洗井方法，在地浸试验和生产中有较广泛的应用。

洗井时将钢瓶用高压管路连接至井内钻杆上，将 CO_2 输入井内。由于压强降低，CO_2 由液态变为气态，体积急剧膨胀，在管内水柱的压力下开始向过滤器四周水域迅速渗透，产生大范围的冲刷力。CO_2 具有混合、溶解、稀释和分化泥浆和泥皮的作用，使已部分疏通的含水段范围迅速扩展，并将泥浆和细粒物质排向井外较远的地方，起到了疏散的作用。与此同时，CO_2 沿井套管向上运动与水柱混合，产生低密度的气水混合物。在管外地下水的压力下，管口发生泉涌现象，当管内强大的 CO_2 气柱压力足以抬起管内上部剩余水柱时，CO_2 膨胀加快，发生井喷现象。这种由于 CO_2 和管内外压力差造成的井喷，使管内压力急剧下降，在管内外强大的压力差作用下，使被疏散开的泥皮及细小颗粒吸入管内，在第二次井喷时，随水柱喷到地面。由于送气时 CO_2 向过滤器四周冲刷、扩散，井喷后又产生回流，如此反复进行，使含水段受到强烈扰动，从而起到了一般洗井方法所不能达到的洗井效果。

4 套管的作用与常用套管性能

4.1 套管的作用与要求

4.1.1 套管的作用

下入钻孔内起衬里作用的管路称为套管，或井管。在地浸采铀试验与生产中，无论是抽出井、注入井还是监测井都须下入套管，套管的主要作用是：

（1）为钻孔封孔创造一个环形空间，使封孔止水成为可能；

（2）为抽液与注液创造一个低阻力损失的通道；

（3）与封孔水泥一起，隔离各含水层，维护孔壁。

从地浸钻孔结构中知道，钻孔终止钻进后进入成井工序，其中最主要的一项是封孔止水。封孔止水的方法之一是注入水泥浆，下入套管后，形成一个环形空间，为封孔创造了条件。施工中先下入套管，而后充填水泥浆。套管的内壁光滑、阻力损失小，液体可在管内自由流动，特别是不锈钢管还为活塞洗孔提供了条件。孔在钻进期间靠泥浆护壁，以防止孔壁坍塌，钻进之后，为方便成井必须将泥浆替换掉。下入套管封孔后就可洗掉套管内泥浆，恢复过滤器及矿层渗透性。运行中，套管与封孔水泥一起保护孔壁防止各含水层之间串流。另外，由于套管的保护作用，可使注入或抽出具有腐蚀性的溶液不损害钻孔，保证钻孔的使用寿命。

4.1.2 对套管的要求

为保证钻孔具有综合工作能力和一定的服务年限，对钻孔中下入的套管提出以下要求：

（1）能抗酸或碱溶液的侵蚀；

（2）内壁光滑，圆整；

（3）具有足够的机械强度，能承载地层的压应力和自重的拉应力；

（4）作业可靠，易操作，管路连接密封性好；

（5）价格合理。

在地浸生产过程中，注入的化学试剂、反应生成物、地下水中物质都会对套管产生不同程度的腐蚀，主要包括电化学腐蚀、空气腐蚀、微生物活动腐蚀、溶解氧腐蚀等。电化学腐蚀是金属和介质发生电化学反应而产生的腐蚀，是套管破坏的主要原因。当套管内壁暴露在空气中后，会被氧化而腐蚀。一些细菌会腐蚀套管，使套管结疤。在酸性、中性及弱碱性水中，套管被腐蚀的速度与氧含量成正比，特别是氧的腐蚀作用与电化学作用相结合时，危害更大。这些腐蚀主要影响金属套管。地浸矿山因浸出铀的需要，需注入酸、碱、氧化剂，造成了腐蚀的条件。因此，套管选择时应充分考虑耐腐蚀性能。

套管安装成井后，井内可能下入提升设备，这要求套管内壁光滑，连接处无台阶，特别是当采用活塞洗井或抽水时，对套管内壁的光滑、圆整度要求更高。由于钻孔偏斜或岩层缩径、坍塌，套管下放过程中会与孔壁摩擦、碰撞，同时还要承受长达上百米管路的自重，200m 长 $\phi110mm \times 10mm$ 的 PVC 套管重约1t。成井后，套管还承受地层压力，当采用活塞或脉冲方法洗井时，套管承受气液的冲击破损力更大。由于套管强度不够，在施工中发生断裂的现象并不罕见。可见，强度是我们选择套管的基本条件之一。

井场成井施工属野外作业，这要求套管加工与下放应易操作、易连接，施工方便、安全。同时，因套管的主要目的之一是防止井内液体与地下水串流，因此，要求套管连接处牢固、密封性好。当然，对企业来说，希望任何原材料都价格便宜，价格也是套管选择的重要因素。

4.1.3 套管种类

地浸采铀试验和生产中已使用过不同类型的套管，如 PVC 管、PE 管、不锈钢管、玻璃钢管和玻璃纤维管等。另外，PE 管中还有高密度 PE 管，HDPE。这些类型的套管都有成功应用的实例，在美国的 Crownpoint、Rosita、Kingsville 地浸矿山用过玻璃纤维管作钻孔套管，Highland 矿用过玻璃钢管作套管。由于各矿的地质、水文地质条件、矿体埋深、货源、套管成本等不同，所采用的套管种类也不尽一样。每种类型的套管都有它的优点和不足，使用时要缜密考虑。

4.2 PVC 管的性能、规格与连接

4.2.1 PVC 管性能

PVC（聚氯乙烯，Polyvinyl Chloride）管是地浸采铀最常用的套管之一，它之所以普遍受到欢迎是因为它具有如下优点：

（1）具有良好的化学稳定性，除强氧化剂及芳香族碳氢化合物、氯代碳氢化合物外，几乎能耐任何浓度的酸、碱、盐及有机溶剂的腐蚀；

（2）密度小，约为钢的 1/5；

（3）强度较高，矿用厚壁管可承受较高的压力；

（4）机械加工性能好，成型方便，且可焊接、粘接，连接配件齐全；

（5）价格低廉；

（6）货源广；

（7）阻力损失小，使用寿命长。

表 4-1 是 PVC 管材指标表[16]。PVC 管材具有防腐、抗压、抗冻、强度大的特点，完全可以满足地浸钻孔的要求与生产的需要。表 4-2 和表 4-3 分别是 PVC 管材主要耐腐蚀性能和物理机械性能。

表 4-1 PVC 管材指标表

指 标 名 称	指 标
相对密度/g·cm^{-3}	1.4~1.6
腐蚀度/g·m^{-2} 　HCl、HNO$_3$ 不超过 　H$_2$SO$_4$、NaOH 不超过	±2.0 ±1.5
允许应力 13MPa(60±2℃液压)	保持 1h、不破裂、不渗漏
允许应力 35MPa(20±2℃液压)	保持 1h、不破裂、不渗漏
伸缩率/% 　沿轴向不超过 　沿径向不超过	±4.0 ±2.5
扁平试验 外径≤200mm 按此项检验	压至外径 1/2、无裂缝破裂现象
丙酮浸泡试验 外径≥225mm 按此项检验	无发毛、脱层现象
外观	管材外壁光滑、平整；内壁平整，不允许有气泡、裂口及显著的波纹、凹陷、杂质、颜色不匀、分解变色等

表 4-2 PVC 管材主要耐腐蚀性能

介质	浓度/%	温度/℃	结果	介质	浓度/%	温度/℃	结果
硝 酸	10	40	优	次氯酸钠	10	40	优
硝 酸	5	沸	差	甲 酸	36	40	优
铬 酸	5	沸	良	乳 酸	25	100	优
硫 酸	50	沸	良	苯乙烯	50	100	良
盐 酸	32	沸	优	苯 酚	5	100	良
硼 酸	70	沸	优	醋酸甲酯	40	100	良
磷 酸	50	沸	优	尿 素	85	80	优
氢氟酸	稀	100	优良	氯化钠	10	沸	优
氢氧化钠	40	40	优	硫酸铵	<90	100	优
氢氧化钠	5	沸	良	亚硝酸钠	50	95	优
氢氧化铝	50	60	优	乙 酸	36	沸	优

表 4-3 PVC 管材主要物理机械性能

名 称	单 位	指 标
热变形温度(1.8MPa)	℃	120~138
硬 度	HRR	44~58
导热系数	J/m·h·℃	0.54
弹性模量	MPa	32×10^2 (20~50℃)
线胀系数	1/℃	(2.7~5.1) $\times 10^{-5}$
工作压力	MPa	1
抗压强度	MPa	8~10
抗拉强度	MPa	3~7
工作温度	℃	-20℃~100℃
冲击强度	MPa	3.4~4.9
弯曲强度	MPà	107~119
出厂试压	MPa	15

从表中看出，PVC 管导热系数低，需保温的管路可以减少保温层，寒冷气候下使用较方便。它的冲击强度为 3.4~4.9MPa，随着温度的降低抗冲击强度会缓慢降低，寒冷气候下施工要注意不能摔、撞。PVC 管在阳光照射下老化加快，因此要注意保管，而冻融对管路寿命影响很小。

4.2.2 常用 PVC 管规格

地浸采铀常用 PVC 管规格为：

直径：60~200mm

壁厚：5~20mm

套管直径除与过滤器直径、钻孔直径密切相关外还与钻孔抽液和注液的最大压力降有关，套管设计时应同时考虑这两方面的因素。钻孔施工后，套管直径就基本确定了，惟一要斟酌注浆方式。同一孔径的钻孔，不同的注浆方式对套管直径有影响。钻孔封孔采用正向注浆时，要留有插入注浆管的足够空间。

套管壁厚的选择取决于强度和连接方式。显而易见，套管管壁越厚强度越高，地浸矿山使用的套管壁厚通常 10mm 左右。实际上，如果水泥封孔质量得到保证，套管壁厚可以薄些。因为封孔后套管与水泥成为一体，强度大大增加，而不单独是套管的强度。套管如果采用丝扣连接，因加工丝扣的需要，要有一定的厚度。当然，如套管用管鞋连接管壁可以薄些。但管鞋在现场加工困难，半截管的连接也不太方便。

另外，套管壁厚还与套管下放操作有关，厚壁管单位长度重量大，下放时较容易。在实践中，偶尔会遇到因孔内泥浆浮力大、过滤器透水受阻、PVC套管密度小等原因套管难于下放到位的现象，相比之下，不锈钢管就不会发生这类事情。

乌兹别克斯坦、哈萨克斯坦等国家对于较深的矿床采用壁厚18mm的套管。同时，在这种厚壁管的支撑下，为提高钻孔抽液与注液能力，倾向增大钻孔直径，达295～394mm，采用152.4mm(6in)潜水泵提升浸出液[17]。

4.2.3 PVC管连接

地浸矿山使用PVC套管时常用的连接方式有两种，丝扣连接和热熔连接。丝扣连接一般采用梯形螺纹，套管、沉砂管、过滤器的连接采用公母扣对接方式，旋合长度为60～110mm。丝扣强度可满足地浸采铀的要求。PVC管每根通常加工成6m、9m不等，丝扣连接拆卸方便，易操作，加工只需一台管床，现场就可完成。丝扣连接的另一种办法是通过金属材料，一般为不锈钢材料加工成管鞋，将两根PVC管连接起来。图4-1是地浸采铀条件试验曾经采用的套管梯形螺纹连接方式，图中套管直径为90mm，壁厚12mm。

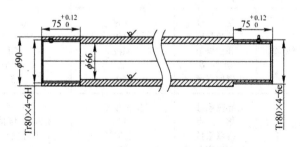

图 4-1 PVC套管梯形螺纹加工示意图

热熔连接必须有专用设备，电极产生热将 PVC 管熔化。热熔连接不必加工丝扣，但在现场操作不方便。

另外，PVC 管还可采用大小头的粘接方式连接，将 PVC 管头加工成一大一小的斜面，用黏结剂将其粘接。这种方法比较简单，但有时存在质量问题，如粘接不均匀会降低 PVC 管的强度。美国的地浸矿山多用此种办法连接 PVC 套管。

为保护丝扣接头，可用沥青加 20% 油料涂于接头处。同时，还可在公母丝扣接触的端头切槽，在槽中放入 O 形密封圈，增强密封效果。

4.3 PE 管的性能、规格与连接

4.3.1 PE 管性能

PE(聚乙烯，Polyethylene)管是地浸采铀常用套管之一，它的性能与 PVC 管相近。

(1) 密度小，仅为钢的 1/8；

(2) 柔性大；

(3) 价格低廉；

(4) 货源广。

表 4-4 给出了 PE 管的物理性能。

表 4-4　PE 管的物理性能

项　　　　目		单　　位	物 理 性 能
物 理 性 质	密　　　度	t/m³	0.93
	抗拉强度	MPa	20～25
	弹性模量	MPa	250
	延 伸 率	%	440～550
	弯曲强度	MPa	25
热 性 质	导热系数	J/m·h·℃	1.36
	熔　点	℃	在 200℃ 维持现状
	线胀系数	1/℃	$(1.4～2.0)×10^{-4}$
	使用温度范围	℃	$-40～+120℃$

项　　目		单　位	物 理 性 能
其　它	耐腐蚀性		耐酸、碱
	吸 收 率	%	0
	耐 电 压	kV	40~50

在地浸采铀中除用普通的 PE 管作为套管外，一些矿山还使用 HDPE(High Density Polyethy lene，高密度聚乙烯管)。HDPE 强度高，但价格贵。

4.3.2　PE 管规格与连接

地浸采铀中使用的 PE 管、HDPE 管直径和厚度与 PVC 管一致。乌兹别克斯坦和哈萨克斯坦的地浸矿山常采用 PE 管作为抽出井与注入井的套管，规格为 $\phi190mm$ 和 $\phi110mm$。

PE 管多采用热熔连接方式。

4.4　不锈钢管的性能与规格

4.4.1　不锈钢管性能

不锈钢管具有以下特性：

(1) 强度高，无论是抗拉、拉压不锈钢管强度要比 PVC 管或 PE 管高出 10 倍以上；

(2) 有较强的耐腐蚀性，可耐酸、碱、盐；

(3) 机械加工性能好，可丝扣连接或焊接，连接配件齐全；

(4) 货源广；

(5) 内壁光滑，阻力损失小；

(6) 寿命长。

不锈钢管已是当前普通的材料。虽然不锈钢管具有许多优点，但其价格昂贵，从一定程度上限制了它在地浸采铀中的应用。

4.4.2　不锈钢管规格

因不锈钢管强度高，因此一般壁厚小。不锈钢的种类繁多，常温下按组织结构可分为：

（1）奥氏体型：304、321、316、310、201、202、302、304L、316L 等；

（2）马氏体或铁素体型：430、420、410 等。

通常使用的不锈钢管为奥氏体型的 304 材质。表 4-5 是按不锈钢结构分类的常用不锈钢号和不锈钢管规格。

表 4-5 不锈钢管结构与规格

钢 号	外 径/mm	壁 厚/mm
1Cr18Ni9Ti 0Cr18Ni9Ti	65.1~76 76.1~114 127、133 140、146、159、168 180、194、200、219	2.3~12 3~12 3~15 3~21 4.1~21
0Cr18Ni112-Mo2Ti	65.1~76 77~114 127、133 140、146、159、168 180、194、200、219	2.3~12 3~12 4~15 4~20
00Cr18Ni10	65.1~76 77~114 127~133 140、146、159、168 180、194、200、219	2.3~12 3~12 4~15 4~20
00Cr17Ni14-Mo2	77~100 101~114 127、133 140、146、159、168 186、194、200、219	3~12 4~15 4~20

乌兹别克斯坦的 Учкудук 矿在富矿段使用不锈钢套管，规格为 $\phi 219mm \times 6mm$。哈萨克斯坦第六采矿公司的地浸矿山因矿体埋深 550m，因此，套管为不锈钢管[13]。

不锈钢管连接方式多为丝扣连接、焊接。丝扣连接时可使用管鞋，这可避免丝扣连接处因加工螺纹而降低强度。

4.5 套管强度计算

4.5.1 管壁内与管壁外压应力计算

与 PVC 管比较，不锈钢管强度高、阻力损失小、寿命长。

PVC 管与 PE 管重量轻，耐腐蚀，成本低，易加工，但该类型管材强度低。在矿山不同的地质条件下使用的经验表明，管路破裂，断裂是地浸钻孔最常见的损坏形式。因而，在设计地浸钻孔时，应充分考虑 PVC 管与 PE 管安装及使用时的强度，特别是安装时套管本身承受的拉力和压力。

地浸钻孔管壁内与管壁外一般皆承受压力，当管内有液体存在时，其数值相差不大，基本上互相抵消[18]。当地浸钻孔内水位发生变化时，将引起钻孔套管承受的应力发生变化。根据岩土力学理论，地层对管壁的外压力为：

$$p_0 = \frac{\mu}{10(1-\mu)} \gamma_r h_h \tag{4-1}$$

式中　p_0——地层对管壁的外压力，MPa；

　　　μ——侧向压力系数（砂性土 0.3，黏性土 0.4）；

　　　γ_r——地层的密度，t/m^3；

　　　h_h——钻孔深度，m。

作用于套管上的内压力仅是套管内液体产生的压力，随深度变化而变化，液体压力的计算如下：

$$p_i = \frac{1}{10} \gamma_w h_w \tag{4-2}$$

式中　p_i——套管内表面的最大应力，MPa；

　　　γ_w——液体密度；t/m^3；

　　　h_w——水位埋深，m。

4.5.2　套管的拉应力及丝扣强度计算

4.5.2.1　套管拉应力计算

在泥浆钻进的深井中，由于自重的影响，套管安装时可能发生断裂现象。因此，钻孔设计时，应详细计算套管强度后再确定安装套管的极限深度。

由于钻孔内泥浆的浮力，减轻了下放时套管的拉应力。但套管危险断面所产生的拉应力会因套管下放时的加速度以及上提时的阻力影响有所增加。根据材料力学理论，在套管危险断面上，因自重所产生的应力不能超过安全应力，因此，套管安全安装深度为：

$$L = \frac{\sigma F_c}{10[q - 10\pi(r_0^2 - r_i^2)\gamma_s]} \tag{4-3}$$

式中　L——下入套管的长度，m；

　　　σ——自重在管内所产生的应力，MPa；

　　　F_c——套管断面面积，cm^2；

　　　q——每米管材的重量，kg/m；

　　　r_0——套管外径，dm；

　　　r_i——套管内径，dm；

　　　γ_s——井内泥浆密度，kg/dm^3。

设计时还应考虑一定的安全系数，比如可以取 2。

4.5.2.2　丝扣强度计算

当管路重量过大时，除危险断面易发生断裂外，还可能因丝扣的应力不足而折断套管，故还需验算丝扣连接的强度。计算套管丝扣的最大负荷可采用下列公式：

$$Q = \frac{10\sigma\pi D t}{1 + \frac{D}{2L}ctg(\alpha + \varphi)} \tag{4-4}$$

式中　Q——丝扣最大负荷，kg；

　　　σ——自重在套管内所产生的应力，MPa；

　　　$D = \dfrac{D_1 + D_2}{2}$，套管丝扣部分的平均直径，D_1，D_2 为套管内直径与外直径，cm；

　　　$t = \dfrac{D_2 - D_1}{2}$，丝扣处的管壁厚度，cm；

　　　L——丝扣的有效长度，cm；

　　　α——丝扣面与管材中心线的夹角；

　　　φ——丝扣间的摩擦角。

4.6　套管直径与壁厚

套管直径主要依赖于钻孔用途、钻孔直径、涌水量、过滤器直径和井内设备规格等。在抽液量与注液量恒定的情况下，管径小，介质流速大，管路压降大，会增加空压机或潜水泵的动力运行费用。反之，增大管径会增加钻孔施工费及套管成本，因此，必须合理选择套管直径。对于潜水泵提升的钻孔，套管内径与潜水泵外径之间应有15~30mm 的间隙，保证潜水泵能顺利下放和提升。

下面是根据钻孔抽液量与注液量和允许的管内液体流速计算管径的公式[19]：

$$d = 18.8\sqrt{\frac{Q}{v}} \qquad (4-5)$$

式中　d——套管直径，mm；

　　　Q——钻孔抽液量或注液量，m^3/h；

　　　v——液体流速，m/s。

地浸采铀套管抽液与注液介质为浸出剂或浸出液，浓度很低，视为水。计算管径时抽液量及注液量以矿层渗透系数允许的最大量为计算依据。4-5 式中液体流速 v 在地浸采铀矿山通常取1m/s。依公式计算出的管径偏小，在实际选择中还要考虑一定的余地及厂家生产的套管规格。

套管的壁厚原则上与钻孔深度、套管直径和材质有关。一般来讲，钻孔超过 300m 深就应考虑增加套管壁厚。在同样的地压条件下，套管承受的应力可从公式4-6 计算：

$$\sigma = \frac{pd}{2t} \qquad (4-6)$$

式中　σ——套管在外压作用下产生的内应力，MPa；

　　　p——作用于套管外壁上的压力，MPa；

　　　d——套管内径，mm；

　　　t——套管壁厚，mm。

从公式中看出，外压力对套管的破坏应力与套管直径成正比，直径越大，破坏应力越大，套管承压能力越小，如图 4-2 所示。外力对套管产生的破坏应力与套管壁厚成反比，壁厚越大破坏应力越小，套管承压能力越大，如图 4-3 所示。

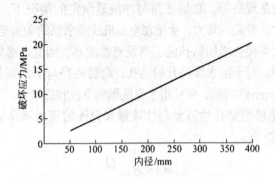

图 4-2　套管直径与破坏应力的关系
(图中 $p = 1$MPa，$t = 10$mm)

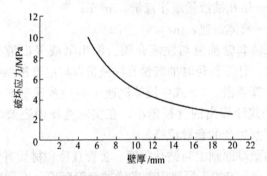

图 4-3　套管壁厚与破坏应力关系
(图中 $p = 1$MPa，$d = 100$mm)

因此，套管直径越大，套管壁厚应越大，特别是当套管直径超过 200mm 时应考虑壁厚的增加。不锈钢材质要比 PVC 或 PE 的强度高得多，同样直径的套管不锈钢材质的壁厚也比 PVC 或 PE 材质小。在生产的地浸矿山中，井深 300m 以内，直径 100mm 以内的 PVC 或 HDPE 套管壁厚 10mm 左右，不锈钢套管为 4～6mm 左右；井深 300m 以上时，PVC 或 PE 套管壁厚 12～

18mm，不锈钢管为6～8mm。

4.7 沉砂管与导中器的设计

4.7.1 沉砂管

套管最底部与过滤器相连起收集沉砂作用的一段锥形底端封闭的管路称为沉砂管。沉砂管收集通过过滤器进入孔内的细砂，防止堵塞过滤器。一般情况下，它的材质和直径与套管相同，下端呈40°左右的锥形，如图4-4所示。沉砂管与过滤器的连接可采用公母丝扣连接或热熔连接。沉砂管的长度主要取决于下列因素，在下列条件下，井内沉砂多，沉砂管应适当加长。

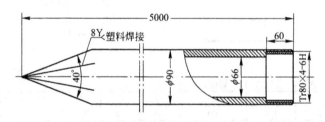

图 4-4　沉砂管加工示意图

（1）过滤器性能：过滤器孔隙大；
（2）钻孔直径：钻孔直径大；
（3）矿层厚度：矿层厚度大；
（4）矿层砂岩的粒度及松散程度：砂岩粒度小、松散。

沉砂管长度视情况而定，有的沉砂管只有1.5m长，有的长达十几米，一般沉砂管长度为4～8m。另外，当矿层靠近隔水底板，且隔水底板厚度小时，为了防止钻穿隔水底板，避免溶液污染下部含水层，沉砂管也可不要。底端不封闭的沉砂管在地浸矿山中也有应用。一般情况下，洗井后钻孔沉砂高度为1m左右。

4.7.2 导中器

固定在套管上起保证套管下放后能处于钻孔中心的部件称为导中器。它的作用是使套管与过滤器居中，便于套管、过滤器安全下入，确保填砾与封孔的质量。导中器每隔 50m 左右一个，采用 10~15mm 厚 PVC 板加工而成，长 300mm，图 4-5 所示的是导中器的一种。导中器宽度根据井径而定，导中器与套管的连接采用塑焊方式。图 4-5 给出了 ϕ160 和 ϕ90 套管导中器加工尺寸，从图中可以看出，设计的导中器加工简便、实用、成本低廉。

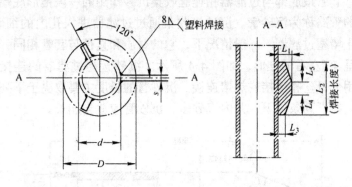

表中单位：mm

类型	孔径 D	管径 d	s	L_1	L_2	L_3	L_4、L_5
I	295	160	12	62	300	60	42
II	190	90	10	48	300	40	30

图 4-5　导中器加工示意图

4.8　配管与套管下放

4.8.1　套管长度的配置

钻孔终止钻进并经过测井后，进入套管下放工序，套管下放前应先配管。配管严格按测井结果进行。表 4-6 是地浸采铀试验中配管的实际案例。

表 4-6　钻孔套管配管计算

序　号	位　置/m	管　长/m
沉　砂　管	279.60	4.40
过　滤　器	275.20	15.0

序 号	位 置/m	管 长/m
套 管	260.20	8.91
托 盘 管	251.29	8.91
套 管 1	242.38	8.90
2	233.48	8.90
⋮		
28	2.27	8.91
孔 口 余 管		6.64

该井为注入井，托盘结构，开孔直径311mm，终孔直径215mm，终孔深度282.51m，矿层段264.00～278.00m，变径位置在顶板泥岩中251.60m处。套管为直径90mm PVC管，配管总长279.60m。

配管前先将沉砂管、过滤器和导中器做好，然后准确测量各管长度，从下往上推算，标好序号，按顺序放好。

4.8.2　套管下放

套管下放方法较多，如钻机卷扬机提吊下管法、钻杆托盘法、二次下管法、钢绳托盘法等，地浸矿山通常采用钻机卷扬机提吊法下放套管。套管下放时，按已编好的顺序一根根下放，套管下放应注意以下问题：

（1）已下入孔中的套管在孔口卡好后才能摘去钻机卷扬机提升器连接头，防止套管掉入孔中；

（2）套管搬运时避免一端抬起，一端拖地，以免损坏丝扣，特别是PVC管和PE管；

（3）下放中发生阻碍时应分析原因，避免强行压入，以免使套管在丝扣处断裂。

为保证套管顺利下放，应保证孔内在畅通无阻的情况下再下入套管。因此，下放前应检查孔内是否有堵塞物，套管安装好后应露出地表至少200mm。

4.9 套管安装质量检查方法与实例

4.9.1 电流测井检查

实践得知，套管下入钻孔后偶尔会出现断裂，裂缝等破损情况，如不及早发现并处理就会使溶液漏失造成浪费，扩大污染范围。因此，必须对套管安装质量进行检查。通常检查的方法为物探电流测井，根据电流的变化判定套管完好性。

图 4-6 是电流测井检查套管线路示意图。电极 A、接地电极 B、大地电阻 r_d、井液电阻 r_m 与地面仪器组成一个供电回路。地面供给此电路一个恒定电压，通过记录取样电阻 r_0 两端的电压 U_{MN} 来反映电路中电流的变化。影响端电压的 r_0 是不变的，r_m 随电极深度的变化也很小。而大地电阻 r_d 则受两个因素的影响，套管对电流的压制作用和井液与地层的接触面大小。根据地球物理稳定电流场理论，高阻体对电流具有排斥作用，低阻体对电流起汇聚作用。所以，当电极 A 处于过滤器以外的位置时，套管对电极 A 流出的电流起排斥作用，套管越长，排斥电流作用越强，r_d 越大。当电极 A 处于过滤器中或破裂的套管处时，电流将从这些地方进入地层，井液与地层直接接触，接触面越大，r_d 越小。r_d 的变化直接影响取样电阻 r_0 两端记录的电压 U_{MN}。

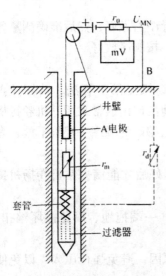

图 4-6 电流测井检查套管
线路示意图

4.9.2 套管质量检查实例

图 4-7 是一条实际的电流测井曲线，检查套管完好情况。测量从井底往上提升中进行。

106

当电极 A 接近过滤器时,排斥电流作用逐渐减弱,电流主要从过滤器进入地层,此时 r_d 逐渐变小,曲线开始上升。当电极 A 到达过滤器时,套管排斥电流作用近似消失,而井液与地层的接触面增大,r_d 最小,U_{MN} 最大。在过滤器段出现高的平台异常,这一段就是过滤器的有效长度。测定的过滤器为 199.5 ~ 191.25m。实际安装过滤器的位置为 199.36 ~ 189.89m,长 9.47m。曲线 185 ~ 165m 段比较平直,说明此段电流比较稳定,趋于饱和。当 A 进入 165 ~ 146m 地段时,出现幅值大小不同的四个异常,说明在 164.39m、158.13m、151.23m 和 146.61m 处存在着大小不同的破损,峰值大说明破损大,反之,破损小。继续上提,电极 A 接近不锈钢变径接头 102m 处,由于不锈钢是良导体,所以一部分电流从该处流入地层,使 r_d 迅速变小,电路电流增加。从图中看出,曲线在 38m 附近出现一个台阶,这是电极 A 到达静水位,从井液中出来,供电电流突然消失(此时电路断开)所造成的。虽然电极 A 离开井液,

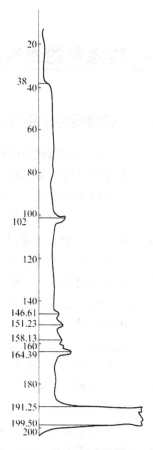

图 4-7 抽出井套管安装
电流测井曲线

但因塑料管壁附着一层水膜,致使电路中仍有微弱的电流存在,加上井液同电极 A 发生化学作用,造成 AB 间仍有一定电位差存在,所以 38m 以上 U_{MN} 仍不为 0。

除电流测井检查套管质量好坏外,还可应用温度测井和流量测井作为辅助手段。检查套管的状态通常每季度不少于一次。

5 过滤器的作用与要素

5.1 过滤器的作用与设计

5.1.1 过滤器的作用

与钻孔套管下部相连安装在矿层段具有一定孔隙率的液体进出的管路称为过滤器，也称筛管或过滤管，它是钻孔的咽喉。

钻孔是连通地表与地下矿层、岩层、含水层与非含水层的通道，地浸采矿通过一系列不同用途的井来实现。在钻孔内下入套管，封孔后就成为抽出井、注入井或监测井。无论哪种井，目的层段均安装过滤器。不管是哪种井最终都通过过滤器实现溶液的注入与抽出，使地浸工作者能了解地下水运移、地下水化学、地下浸出状态等。

在注入井中，浸出剂、洗孔的化学试剂均通过过滤器注入矿层；而在抽出井中，浸出液通过过滤器抽至地表。对于监测井，我们要监测的地下水水文参数、化学成分依赖于取样分析，过滤器的透水功能为取样提供了保证。

在地浸采铀中，除上述 3 种井外，还有一些承担特殊任务的井，例如对于某些特殊的铀矿床，为采用地浸法开采必须采用建立水幕的办法。建立水幕有两种方式，一是通过钻孔注入水形成水力屏障；二是通过钻孔注入化学物质形成固体屏障，目的均为隔开两部分水体，使地浸方法成为可能。无论是第一种还是第二种，注入的水或化学试剂都要经过过滤器进入地层。

过滤器的主要作用有两点：允许液体通过，将砂、泥石挡在套管之外。

5.1.2 对过滤器的要求

由于矿层地质条件和水文地质条件的差异，不同类型的过滤器相继出现，不管是哪种类型的过滤器，设计时都应满足以下几点要求。

（1）有足够大的过水面积，阻力损失小，避免在过滤器处产生涡流，减少发生结垢的机会，满足钻孔抽液量与注液量的需求，延长过滤器使用寿命；

（2）具有良好的过滤能力，即能挡住泥砂及碎屑的进入，且不使其堵塞；

（3）有一定的机械强度，可承受砂砾和岩屑的压力；

（4）安装容易，可更换式过滤器下放、提升方便；

（5）材料普通，加工容易，便于与套管连接，成本低；

（6）耐酸、碱的侵蚀。

虽然过滤器的材质有钢质、铸铁、水泥、PVC、PE、玻璃钢、玻璃纤维等，但在地浸中常用不锈钢和 PVC 材质。

5.2 过滤器孔隙率与孔隙尺寸

5.2.1 过滤器孔隙率

过滤器孔隙面积与总表面积之比称为孔隙率。过滤器的孔隙率应与钻孔的涌水量相吻合，为使过滤器不成为钻孔抽液与注液的瓶颈，按一定孔隙率设计的过滤器过水量至少不小于钻孔涌水量。孔隙率直接影响过滤器的过水面积，在过滤器长度一定时，为增加过水面积可增大过滤器直径或孔隙率。但增大过滤器直径会增加钻孔直径及钻孔成本，而增大孔隙率会降低过滤器强度。因此，必须控制孔隙率在适当范围之内。鉴于这些因素，得出过滤器孔隙率的设计原则：在保证强度的情况下，应尽量增大过滤器的孔隙率。

对于圆孔式过滤器其孔隙率计算如下：

$$\rho = \frac{nd^2}{4DL} \times 100\% \tag{5-1}$$

式中　ρ——孔隙率，%；

n——孔眼个数；

d——孔眼直径，mm；

D——过滤器外径，mm；

L——过滤器长度，mm。

而对于缝式过滤器，其孔隙率为：

$$\rho = \frac{nab}{\pi DL} \tag{5-2}$$

式中　a——条缝长，mm；

　　　b——条缝宽，mm。

其它类型的过滤器孔隙率可依几何形状计算。孔隙率的大小影响着过滤器的强度，钢质过滤器孔隙率可在 30% 以上，PVC过滤器因材质强度低，孔隙率为 20% 左右。

5.2.2　过滤器有效孔隙率

过滤器因受机械阻碍或因矿层给水度影响而形成的实际孔隙率称为有效孔隙率，有效孔隙率小于孔隙率。有效孔隙率由下式计算：

$$\rho_e = \rho_s \times \mu \tag{5-3}$$

式中　ρ_e——过滤器有效孔隙率；

　　　ρ_s——过滤器孔隙率；

　　　μ——矿层给水度。

饱和矿层在重力作用下可自由流出的最大水量与矿层体积之比称为给水度。矿层给水度随砂粒的大小而变化，粉砂最小，砾石最大，其值为 0.054~0.240。在地浸实践中，由于矿层中的不透水泥岩层、施工过程的机械损坏或受矿层给水度的限制，过滤器孔隙率无法保证设计值，产生不同程度地下降。另外，生产过程中过滤器周围的淤塞物或钙结垢也会降低过滤器设计孔隙率。引进有效孔隙率的概念，可说明过滤器孔隙率的变化。为减少液体进出过滤器产生的摩擦损失，最大限度地获得钻孔抽注液量，生产中应设法加大过滤器的有效孔隙率。

5.2.3　过滤器孔隙率的变化

过滤器孔隙率直接影响过水量的大小，在实际应用中，设计孔隙率的原则以不影响钻孔抽液量与注液量为前提。过滤器过水量与渗透系数、水力梯度等诸因素有关，为保证过滤器尽可能大的过水量，在其它条件允许时绝不能因孔隙率低而限制过水量。这里我们要讨论当矿层厚度较大、过滤器较长时孔隙率的变化。根据水动力学原理得知，在抽出井与注入井工作时，上水面的水力梯度较大，在整个过滤器长度上，上部液体流速快，下部缓慢。由于这种情况，如整段过滤器孔隙率一样，那么上部矿层浸完后下部矿层可能还未浸完或未完全浸完。对于厚度大的矿体，这一问题更明显。为解决这一问题，可使用孔隙率变化的过滤器。这种过滤器上部孔隙率小，下部孔隙率大，其变化幅度取决于过滤器长度，在非均质矿层中还与矿层渗透系数变化有关。孔隙率变化幅度一般为10%左右。

5.2.4 过滤器孔隙尺寸

这里所说的过滤器孔隙尺寸指最外层的孔眼大小，圆孔式过滤器为圆孔的大小，但如果外缠尼龙网，那应是尼龙网眼的尺寸；缝式过滤器是条缝的大小；而外骨架过滤器则是两层圈之间的缝隙大小。

孔隙尺寸太小会增大阻力损失，影响抽液量与注液量，易造成堵塞，且在洗孔过程中不易形成天然过滤层；太大会使细砂涌进套管内。过滤器孔隙尺寸与矿层颗粒大小密切相关，不同颗粒的矿层通过过滤器的百分比(以重量计)要求也不同，如表5-1。

表 5-1　过滤器孔隙设计时不同颗粒的通过量要求

矿层颗粒	砾　　石	粗　　砂	中、细砂
颗粒通过量/%	20～30	40～60	50～70

过滤器孔隙尺寸除与矿层颗粒大小有关外，还与钻孔成井结构有关。对于填砾式钻孔结构，孔隙尺寸的大小以能挡住90%的填料为标准。因为填料是人为构筑的过滤层，不同粒级的砂砾之间无胶结，要尽量保证在过滤器工作时不因抽液或注液而被损坏。对于非填砾式结构的天然砂层，孔隙尺寸可参照表5-1给出的数据

或按能过滤 d_{50} 砂砾的直径尺寸确定孔隙尺寸。通过洗孔、抽水清除一部分细砂，形成天然过滤层。对于相对较细的砂，孔隙尺寸稍有变化会导致套管内涌砂量增加很多；而对于粗砂和砾石层，孔隙尺寸的微小变化不会对井内涌砂产生显著的影响。

5.3 过滤器直径的确定

过滤器直径决定着钻孔直径大小，影响钻孔的涌水量。过滤器的直径可根据预计的钻孔涌水量来设计，涌水量随钻孔直径的增大而增加。为获得较大的涌水量，设计时力图增大过滤器直径，随之导致钻孔直径增加。但当钻孔直径增大到一定数值时，涌水量的增大梯度逐渐减少，两者之间呈非线性关系，如图 5-1 所示[20]。从图中 10 组抽水试验结果看出，过滤器直径增加到 200mm 以上时，涌水量增幅逐渐变缓。从而得出，应将过滤器直径的增加控制在一定限度，大孔径的过滤器不会明显增加钻孔涌水量。

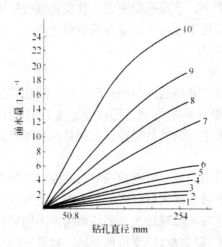

图 5-1 过滤器直径与钻孔涌水量的关系

在过滤器长度、孔隙率和允许进水速度确定后，过滤器直径可根据涌水量由下式计算[10]：

$$D = \frac{3.6Q}{\pi L \rho \upsilon} \tag{5-4}$$

式中　D——过滤器直径，mm；

　　　　Q——井涌水量，m^3/h；

L——过滤器长度，m;

ρ——过滤器孔隙率，%;

v——最大允许进水速度，m/s。

5.4 过滤器允许进水速度与堵塞

5.4.1 允许进水速度

液流进入过滤器的速度称为进水速度。为保护过滤器，延长使用寿命，必须考虑进水速度。当地下水以较大流速进入过滤器时，岩层内地下水压力降低。地下水压力降低的结果，使溶解在地下水中的二氧化碳逸出，在过滤器周围产生碳酸盐类沉淀。这些沉淀会堵塞过滤器孔隙和矿层天然过滤层。并且，当过滤器一部分孔隙被堵塞后，过水面积减小，水流速增大，从而产生恶性循环，进一步毁坏过滤器。因此，过滤器设计时，要适当控制进水速度。为防止过滤器堵塞或防止矿层砂粒进入钻孔，设定了最大允许速度，或称安全速度。独联体国家计算最大允许进水速度的公式为：

$$v = 65\sqrt[3]{K} \tag{5-5}$$

式中　v——最大允许进水速度，m/d;

　　　K——含水层渗透系数，m/d。

从公式中看出，最大允许进水速度只与含水层渗透系数有关，其关系如图5-2所示。

美国所推荐的安全流速一般为0.03m/s，水在套管内上升流速可按1～1.8m/s计算。

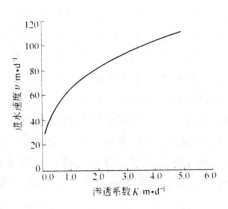

图5-2　最大允许进水速度
与含水层渗透系数关系

5.4.2 过滤器的堵塞

过滤器堵塞是地浸常见的现象，在长期的抽注过程中，矿层中淤泥或细砂聚积在过滤器周围，有时形成胶结物，逐渐堵塞过滤器孔隙。这种堵塞多发生在抽出井，这是因液流方向为淤泥或细砂造成了聚积和胶结的条件。

化学溶解物也是过滤器堵塞的主要原因，特别是在高矿化度的地下水中，钙、镁、铝、铁的化合物都会成为过滤器堵塞物。由于浸出剂的注入，地下水中化学平衡遭到破坏，特别是在高含钙的地下水中，注入的酸或碱会在反应中生成钙盐，$CaSO_4$ 或 $CaCO_3$，堵塞过滤器。另外过滤器外的填砾，因存在泥质、铁质或钙质物质时，会形成胶结，堵塞在过滤器外围。成井后因洗井不彻底遗留的泥皮在长期抽注中会随液流移运至过滤器周围，堵塞矿层。

5.5 过滤器的有效长度

地浸采铀实践证明，抽水过程中，在过滤器段矿层的渗透性均匀的情况下，过滤器在长度上进水量由上往下逐渐减少。因此，在一定量的抽水条件下，过滤器的有效长度是有限的。过滤器的有效长度指起过滤作用的实际长度；它与含水层厚度、涌水量、过滤器类型、孔隙率和开孔方式等因素有关。

经钻孔抽注试验证实，在一定水位降深的条件下，井的抽液量与注液量随过滤器长度增加而增大，但大到一定值时，抽液量与注液量不再增加，如图 5-3[10] 所示。图中给出了不同水位降深 (s) 情况下，过滤器长度与抽液量和注液量的关系。从图中看出，当过滤器长度超过 14m 时，抽液量与注液量增大梯度变缓，超过 20m 时趋于零。言外之意，为追求抽液量与注液量采用过长的过滤器是没有实际意义的。过滤器有效长度可由下式计算：

$$L = \alpha \lg(1 + 3.6Q) \tag{5-6}$$

式中　L——过滤器有效长度，m；

　　　α——校正系数，与含水层和井结构有关，一般取 17；

Q——设计涌水量，m^3/h。

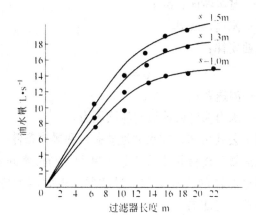

图 5-3　过滤器长度与涌水量关系

另外，也可借鉴独联体国家的公式计算

$$L = \frac{Q\beta}{D} \qquad (5-7)$$

式中　L——过滤器有效长度，m；

　　　Q——涌水量，m^3/h；

　　　β——经验系数，决定于含矿含水层颗粒组成情况，细
　　　　　砂-90；中砂-60；粗砂-50；砾石-30；

　　　D——过滤器直径，mm。

5.6　影响过滤器长度的因素

5.6.1　钻孔抽液量与注液量

钻孔抽液量和注液量与几个因素有关，诸如矿层渗透系数、抽液与注液压力、水位降深、过滤器长度、过滤器直径等。钻孔抽液量与注液量可由下式计算：

$$Q = \omega v \qquad (5-8)$$

式中　Q——钻孔抽液量或注液量，m^3/d；

　　　ω——过水断面，m^2；

　　　v——流速，m/d。

根据达西定律：

$$v = KI \tag{5-9}$$

式中　K——渗透系数，m/d；

　　　I——水力梯度或抽液与注液压力。

从这两个公式可知，在水文地质条件和操作条件一样的情况下，钻孔抽液量与注液量取决于过水断面，与过水断面成正比。过水断面即过滤器的透水面积，过滤器的表面面积与孔隙率之积，对于圆孔式过滤器：

$$\omega = D\pi L\rho \tag{5-10}$$

式中　D——过滤器外径，m；

　　　L——过滤器长度，m；

　　　ρ——孔隙率，%。

从式 5-10 中得出，过水断面与过滤器长度成正比，因此，过滤器的长短直接影响钻孔抽液量与注液量。为将抽出井与注入井一并考虑，这里用抽液量与注液量这一术语。因抽液和注液时钻孔水动力功能条件不同，同一孔抽液量与注液量也不相等。大多数情况下，同一孔的抽液量是注液量 2 倍以上，这也是为什么地浸矿山抽出井数总是小于或等于注入井数的原因。

为了说明钻孔抽液量和注液量与过滤器直径和长度的关系，上面公式是在稳定流、完整井、均质含水层、无越流条件下计算的。实际情况不一定满足这些条件，这时可应用裘布依或泰斯公式计算。用这些公式计算，钻孔抽液量与注液量的大小同样是过滤器长度的函数，只是线性还是非线性的问题。

在渗透系数与水力梯度一定的条件下，为使钻孔达到一定的抽液量与注液量，只有增大过滤器长度或直径。但在地浸采矿中受矿层厚度、含矿含水层厚度、矿体中非矿夹层厚度等因素影响，经常不能增大过滤器长度(暂不考虑直径影响)，以防止浸出液被过量稀释，浪费浸出剂，增大采矿成本。在这种情况下，即使钻孔抽液量与注液量达不到要求，也要控制过滤器长度。钻孔抽液量与注液量是影响矿山生产能力的关键因素，因此，对某特定矿床要根据实际情况综合分析，找出最佳方案。须强调，在渗透性、水力梯度等条件允许的情况下，为保证钻孔的抽液量与注液量，过滤器要有一定的长度。

5.6.2　矿层有效厚度

假如某矿层 12m 厚，含矿含水层厚 20m，矿层位于含矿含水层中间，上下有不透水的泥岩层顶板与底板。如不考虑矿层的有效厚度，可以 12m 计算液固比和孔隙体积。但是，在抽出井与注入井工作情况下，液流不但会在水力梯度驱动下沿矿层水平运移，而且还会沿垂直矿层方向运移使液流运移厚度增大，如图5-4。矿层有效厚度与下列因素有关：

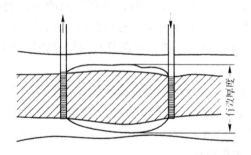

图 5-4　钻孔抽出与注入时矿层的有效厚度

(1) 矿层渗透系数；
(2) 矿层水平渗透系数与垂向渗透系数之比；
(3) 水力梯度；
(4) 围岩渗透系数；
(5) 矿层渗透系数与围岩渗透系数之比；
(6) 过滤器长度。
矿层水平渗透系数越大，液体沿矿层水平流速越快，垂向渗流越小，有效厚度也小。矿层垂向渗透系数大，液流就易在垂向方向上渗流，相应会增大有效厚度。矿层水平渗透系数与垂向渗透系数之比也是影响有效厚度的因素之一，从对水平和垂向渗透系数的分析我们知道，比值越大，即水平渗透系数大，垂向渗透系数小，意味着有效厚度小，相反，有效厚度大。水力梯度越大，液流速度越快，根据达西定律，有效厚度越小。地浸采铀中的围岩大都是砂岩，很清楚地知道，围岩渗透性越好，液流越易渗入，从而增大有效厚度；而围岩渗透性差时，绝大部分液流沿矿层水平运移，不会或很少会渗入围岩，有效厚度也小。从而得知，当矿层与围岩渗透系数比值大时，有效厚度小，反之，有效厚度大。过滤器长度依据有效厚度的设计原则是：有效厚度小，过滤器长度大；有效厚度大，过滤器长度小。生产中要根据地质、水文地质状况，确定过滤器长度，分析有效厚度，最大量的限制浸出剂在矿层中流动。

应当注意，地浸矿山生产时，在钻孔抽液与注液的影响下，地下水原始水力梯度发生变化，抽出井水位下降，注入井水位上升，并非图 5-4 给出的那样。该图只是为帮助说明有效厚度的概念而绘制的。

一般情况下，有效厚度可根据经验公式推算，通常为大于过滤器长度 10%～20%。就此而言，过滤器长度不应和矿层厚度相当，而应略小于矿层厚度。

5.6.3 矿层厚度

将过滤器布置在矿层中时，矿层厚度是确定过滤器长度的主要因素，过滤器长度随矿层厚度变化而变化。在地浸采铀条件试验和生产中，常是多井作业，不但要考虑单井的矿层厚度以确定过滤器的长度，而且要考虑附近井见矿厚度。如图 5-5 所示，如只考虑左边注入井见矿情况，那么过滤器长度应与矿层厚度一致。可是从图中看出，抽出井见矿厚度近似于左边注入井的 2 倍，为使矿体在生产中被浸遍，保证井的一定抽液量或注液量，最大限度地回收铀资源，应加大左边注入井过滤器长度，类似于这种情况在试验与生产中经常遇到。

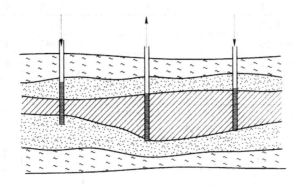

图 5-5　矿层厚度变化时过滤器长度的确定

虽然过滤器长度与矿层厚度直接相关，但过滤器长度也不完全正比于矿层厚度，特别是当矿层厚度较小时更为如此。在矿层厚度小于 5m 时，建议过滤器长度以 5m 为准，或者说过滤器的最小长度为 5m。在这种情况下，过滤器长度大于矿层厚度的主要目的是保证钻孔的一定抽液量或注液量。

5.6.4　浸出液密度

在地浸生产设计中，一些工程技术人员习惯上将抽出井过滤器底端加长，大约超出矿层 500mm。设计者认为，在矿层浸出过程中，浸出液与地下水密度不同，密度大者沉降速度快，因此，含铀溶液在矿层底部运移。为有效地抽出浸出液，过滤器长度应略大于矿层厚度。

针对一次现场试验，作者对清水和不同浓度的浸出液密度进行测定，结果可见表 5-2[21]。从表中看出，液体密度随液体浓度的增加而增加。但是，作者认为，这不能作为抽出井过滤器底端加长设计的依据，因为：

（1）两种不同密度的液体混合条件与实验室条件截然不同，液体在矿层中沿孔隙运移，密度大的液体无法在小密度的另一种液体中自由沉降；

表 5-2　不同浓度液体密度比较

序号	液　体	浓度/g·L⁻¹	密　度	测定方法
1	清水,4℃		1.0	来源手册
2	清水,20℃		0.9977	来源手册
3	现场地下水		0.9977	来源手册
4	浸 出 液	$[U] = 3.55$,$[Mn] = 2.59$, ΣFe 3.33	1.05 1.042	密度计 容量法
5	浸 出 液	$[U] = 1.18$,$[Mn] = 0.86$, ΣFe 1.44	1.02 1.013	密度计 容量法
6	浸 出 液	$[U] = 0.106$,$[Mn] = 0.078$, ΣFe 0.13	0.98	密度计
7	浸 出 液	$[U] = 0.89$	1.017	密度计
8	浸 出 液	$[U] = 0.053$,$[Mn] = 0.039$, ΣFe 0.065	0.97	密度计

（2）从实验室试验看出，当两种液体混合时，密度大的液体并非垂直下沉，向四周扩散是与小密度的液体混合的主要方式；

（3）矿层浸出过程中，由于抽出井与注入井的抽注作用，液体在水力梯度驱使下以水平方式运移，不具备因密度差造成液体沉降的条件；

（4）浸出过程中，浸出液随浸出剂的运移逐步生成，并在运移中与地下水混合，因密度差造成的纯沉降现象不可能发生。

鉴于这些原因，因液体密度不同而加长过滤器的作法值得商榷。

5.7　过滤器类型与适用条件

5.7.1　圆孔式过滤器

图 5-6 所示为 φ90mm 圆孔式过滤器。这种过滤器在套管上钻直径 10～12mm 的孔眼，外缠孔径 1mm 左右的尼龙网，孔隙率控制在 20% 左右。另外，也有直接在套管上钻直径 1～2mm

小孔的圆孔式过滤器，这种过滤器不需外缠尼龙纱网。如果外套骨架，圆孔式过滤器孔的直径应稍大些，一般孔眼直径和孔眼间距关系为 $a=(2.5\sim3.0)d$，如图 5-6[10] 所示。

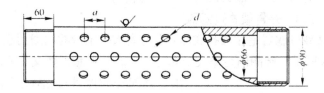

图 5-6　圆孔式过滤器加工示意图

这种过滤器的优点是加工简单、方便，使用时可在现场加工，不需要复杂的设备，不需高级技工，外包的尼龙网易于找到，缠绕简单。

缺点是加工规范差，孔隙率和包网层数难以准确控制。外包尼龙网与套管材质各异，对化学物质反应不同，时间长会影响使用。而且，外包尼龙网难以紧绕在硬套管上，下放时会造成包网破损或脱落，滑到非矿层段，失去纱网的效能。

通常，过滤器由与套管同径的 PVC 管加工而成。

5.7.2　缝式过滤器

如图 5-7 所示，这种过滤器是在不锈钢或 PVC 套管上直接加工多个纵向条缝而成。加工时缝宽 1～3mm，缝长 140～200mm，缝间距 100～150mm，5 条缝一组，孔隙率为 8%～10%。

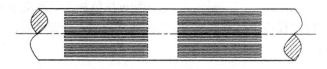

图 5-7　纵向缝式过滤器

这种过滤器的孔隙率可严格控制、规范，因外部不需缠绕尼龙网，避免了由此造成的麻烦。条缝尺寸可调，因而，适应性较强，可用于不同粒径的砂岩中。

缺点是必须有专门的加工设备与厂家，加工复杂，成本较高。

横向缝式过滤器与纵向缝式过滤器相对应，这种过滤器与纵向缝式基本相同，只是开缝方向垂直于管轴，主要考虑过滤器的强度。横向缝式过滤器的特点与纵向相同。

5.7.3 外骨架式过滤器

这种过滤器是在圆孔式过滤器外套入一定量的圆圈而成，如图 5-8 所示。圆圈内径略大于套管，以能顺利套入而又不松动为准。圆圈径间厚 5mm 左右，断面为梯形，外厚内薄。圆圈之间以栓柱固接，栓柱个数一般为 5~8 个。圆圈迭好后两圈之间外部缝隙宽度依砂岩颗粒大小而定，一般为 0.5~3mm，孔隙率 10% 左右。

外骨架式过滤器过滤性能好，与圆孔式相比，用圆圈代替了尼龙网，因此强度高。圆圈的大小取决于套管，尺寸可变动，便于加工。圈与圈之间的缝隙可调，能适用各种粒度的砂岩层，圆圈数可多可少，过滤器长度易控制。为增加圆圈的牢固性，在套进套管后可每隔几米焊一管箍，过滤器两端用管箍固死。

这种过滤器加工时要先制好模具，需固定设备与厂家。表 5-3 为独联体国家外骨架式过滤器工艺参数。

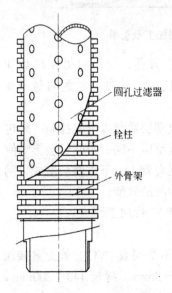

圆孔过滤器

栓柱

外骨架

图 5-8　外骨架式过滤器

表 5-3　独联体国家外骨架式过滤器工艺参数

参　数 ＼ 型　号	ϕД110	ϕД140	ϕД110	ϕД110	ϕД110	ϕД110
外径/mm	110	140	160	180	210	225
缝宽/mm	1.0	1.0	1.0	1.0	1.0	1.0

参 数 \ 型 号	φД110	φД140	φД110	φД110	φД110	φД110
圈高/mm	8	10	10	10	10	10
孔隙率/%	11.1	9.1	9.1	9.1	9.1	9.1
栓 数	5	6	6	6	8	8

5.7.4 射孔式过滤器

在早期的地浸铀矿山中使用过射孔式过滤器，这种过滤器不是在地表加工好连接到套管上，而是套管下放后，待封孔水泥固结后用高压射孔枪将矿层段套管射孔，孔径为 1～3mm。这种射孔技术在石油部门经常使用。射孔后形成的过滤器长度可根据需要完成，避免了地表加工、与套管连接等工序。孔径与孔隙率可根据砂岩粒度调节，灵活多变。

射孔又分为水砂射孔和水力穿孔。水砂射孔借助射流能穿过套管、封孔水泥进入岩层，进入岩层深度可达 300～400mm。射孔时操作射孔器上下运动，可打出一排排纵向孔，孔径为 1.5～3.5mm，压力 9MPa。而水力射孔压力为 10～15MPa，能在厚8～10mm 的套管上射孔。

另外，与水砂射孔和水力穿孔相似的还有子弹穿孔和聚能穿孔。这两种方法多用在石油部门，穿孔直径 2～10mm。

射孔式过滤器必须拥有高压射孔设备，设备投资大，射孔成本高，射孔质量不易检查。

5.7.5 天然式过滤器

所谓天然式即非人工加工而成的过滤器。在一些矿山，因砂岩层较坚硬，长期抽液或注液也不坍塌，可不必安装人工过滤器。这种利用天然矿层形成过滤器的方法是在全段下入套管后，用水泥浆填充套管与钻孔壁之间的环形空间，固结后下入切割刀具将矿层部位的套管及水泥固井一同切掉，形成天然的矿层过滤器，如图 5-9 所示。

天然过滤器免去了地表加工和孔内射孔的工序，但采用天然

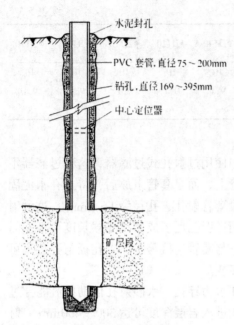

图 5-9　天然式过滤器

过滤器矿层必须完整、稳定，以保证在使用阶段不至于坍塌。再则，施工者必须拥有套管切割刀具。这种过滤器不存在孔隙率问题，完全依赖于天然矿层的孔隙率。因此，对于较厚的矿体，无法人为调节过滤器上部与下部的过滤能力。

采用这种过滤器首先要考虑矿层段岩层的稳定性。这可借助公式 4-1、4-2 计算，并考虑一定的安全系数。为保证井生产期间的稳定，安全系数不应小于 1.5。计算后，如矿层段稳定性得不到保证，应采用其它形式的过滤器。

5.7.6　无过滤器

不使用过滤器的方法是在井底部建造一个集液坑，如图 5-10 所示[12]。抽液与注液通过集液坑实现。坑按矿层自然安息角形成。这种方式的抽出井与注入井的抽液量或注液量每小时可达几十立方米。如因矿石坚硬，水力冲洗方法无法形成集液坑，可采用爆破方法。

这种方法可免去安装过滤

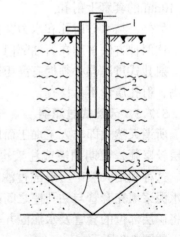

图 5-10　钻孔漏斗集液槽
1—套管；2—水泥封孔；3—漏斗形集液槽

124

器的麻烦，常用在过滤器易损坏的矿层条件，但这种无过滤器的方法要求矿层稳定性适度，而且费用高，且集液坑的大小与形状无法准确控制。

除上述介绍的几种过滤器外，还有其它一些过滤器，如缠丝过滤器、钢骨架过滤器、笼状过滤器、筐状过滤器、贴砾过滤器等，但这些类型的过滤器在地浸采铀中使用较少，不再赘述。

5.7.7 各种过滤器的适用条件

上述介绍的几种过滤器在使用条件上没有原则上的差别，主要依据现场具体情况而定。圆孔式过滤器因加工简单、易操作，大都用在钻孔数量少的试验中。外骨架式和缝式过滤器因加工严格、质量保证、过滤效果好，常用于生产矿山。决定是否采用天然式过滤器的主要因素是矿层的稳定程度和套管切割刀具。射孔式因仅用于不锈钢管，并要求拥有射孔设备，近些年很少使用。过滤段砂层颗粒大小对过滤器的选型也有影响，但这还要看加工能力如何。缝式过滤器如果加工的缝隙小，就可用于细颗粒砂层中。实际使用中，不同矿山过滤器的选型更多取决于现场加工能力和供货厂商。

5.8 过滤器的安装位置

5.8.1 矿层中过滤器的布置

5.8.1.1 单层矿体条件下

地浸采铀中，如矿层渗透性较好，那么绝大多数情况下过滤器置入矿层中，如图 5-11 所示。在这种情况下，过滤器作用可得到充分发挥，溶液会在压力作用下从注入井渗过矿体流向抽出井。

过滤器置入矿层中要求矿层渗透性不能太差或不低于围岩渗透性，否则很难保证浸出剂沿矿层流动。浸出剂一旦进入围岩，会造成浸出液稀释，增大试剂耗量，增加采矿成本。

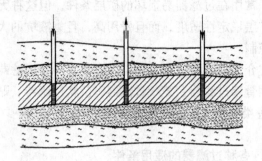

图 5-11 单一矿层中的过滤器

5.8.1.2 多层矿体条件下

矿体由多层矿组成时，布置过滤器要考虑多方面的因素，主要是非矿夹层厚薄，这将决定采用一段还是两段以上的过滤器。另外，对于多个矿层还要考虑过滤器的作用方式，即直接承担抽液或注液还是仅起矿层之间的连通作用。这里讨论的多层矿体指同一含水层的多层矿体。

对于多层矿体采用一段还是多段过滤器取决于：

（1）非矿夹层厚度；

（2）非矿夹层厚度与矿体总厚度之比；

（3）矿石品位；

（4）非矿夹层渗透性与矿层渗透性之比；

（5）矿体埋深；

（6）钻孔成本。

一般来讲，非矿夹层厚度小于 1.5m 时，宜采用一段过滤器，布置在矿层中。当非矿夹层厚度与矿体总厚度之比小于 0.1 时，宜采用一段过滤器。这时，相对矿层厚度来讲非矿夹层较薄，不到 1/10，不会对浸出液铀浓度、浸出剂耗量等造成较大的影响。非矿夹层渗透性与矿层渗透性相比较小时，宜采用一段过滤器。在这种情况下，即便过滤器段包含非矿夹层，但渗透性较差，绝大部分浸出剂流经矿层，对浸出效果及试剂消耗影响不大。在其它条件相同时，矿石品位也是影响过滤器段数的因素之一。如矿层品位较高，那么，即便矿层中夹杂非矿夹层且夹层与矿层厚度相差不大的条件下也不会大幅度降低浸出液铀浓度，因此可采用一段过滤器。

将过滤器布置在矿层中采用一段还是多段要综合考虑上述因素，同时还要结合生产实际情况、加工能力、操作水平等。矿层为多层时，采用一段过滤器同时开采很难保证各矿层浸出均匀，虽然同时浸出，但结束时间却无法统一，有可能发生上部矿层已采完，但下部仍需浸出的情况。为此，不得不继续对过滤器全段即多个矿层同时抽液或注液，既浪费浸出剂又会稀释浸出液。

多个矿层分别开采可选用两种办法，一是并列打多个钻孔至不同矿层，过滤器也如单层矿开采一样布置在矿层中；另一种办法是打一个钻孔，过滤器分次下入，如图 5-12[2] 所示。这时可先开采上部矿体，采完后从孔内钻进至下部矿体，然后安装过滤器并同时将上部过滤器封死。另一种办法是预先安装好上层与下层过滤器，先使用下部过滤器，采完后再启用上部过滤器。用这两种方法开采两层以上的矿体，过滤器施工比较复杂。

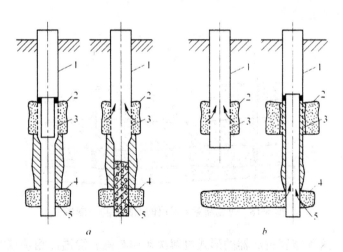

图 5-12 矿体分别开采时过滤器布置
a—从下到上开采法；b—从上到下开采法；箭头表示开采方向
1—套管；2—上层矿体；3—上部过滤器；4—下层矿体；5—下部过滤器

另外，经多年的地浸生产实践，独联体国家开发了在同一孔内即可完成注液又可完成抽液的装置，这种过滤器和上面的布置相同，但装置本身加工复杂。

地浸开采中对于水幕孔、水文孔等过滤器的布置也有一定要求，如水文孔要求在整个含水层的长度上布置过滤器。不管是哪种功能的孔，过滤器的布置要考虑多种因素，以便保证井的功能得以实现。

5.8.2 矿层围岩中布置过滤器

如图 5-13 所示，当矿层与围岩层渗透性差别较大，矿层渗透性远小于围岩层渗透性时，宜将过滤器置入矿层上部或下部围岩中。经实践证明，如将过滤器置入矿层中，那么经由过滤器的液流量不会超过 50%，而液流的主体部分将在矿层外流动。在这种情况下，浸出剂大量流经无矿的围岩，稀释浸出液，增大浸出剂耗量和采矿成本。而过滤器布置在矿层上下围岩中后，可大大改善浸出效果。采用这种方式布置过滤器时，抽出井与注入井间距要适当缩小，增强相互间的水动力作用。钻孔排列形式依据矿床形态而定。

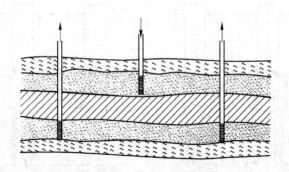

图 5-13 过滤器置入矿层的上围岩与下围岩中

这种布置过滤器的形式可解决矿层与围岩渗透性相差较大时矿层内液流过小的问题，改善浸出效果。但这种布置也存在一些弊病，如会产生沟流，造成溶液不会均匀地浸遍矿体。另外，矿

128

层中夹有岩层如钙层等非矿层时会阻碍溶液均匀流动，增大产生沟流的机会。因过滤器布置在矿层围岩层中，溶液从沿矿层水平流动改为近似垂直矿层流动，所以矿层厚度不能太小，应大于15m。否则，溶液流经矿层路径短，浸出液铀浓度低，增大采矿成本。从图 5-13 中可以看出，这种布置过滤器的方式有明显的溶浸死角存在，资源回收率不会太高。当然，这种过滤器的布置形式对于矿层靠近底板或顶板时不宜采用，因过滤器不能布置在不透水的顶板或底板泥岩中。

在有些情况下，过滤器不单纯布置在矿层中或围岩中，而是贯穿矿层与围岩交界处。这种布置过滤器的方式受多种因素影响，诸如矿石品位、资源回收率、矿层与围岩渗透性等。

5.9　过滤器的更换方法

5.9.1　过滤器的使用寿命

过滤器的使用寿命与诸多因素有关：

（1）液体进入速度；

（2）液体中含砂量及其粒度；

（3）化学沉积物的产生；

（4）过滤器材质及强度；

（5）过滤器外围填砾情况。

本章第 4 节已讨论过，对于过滤器，进水速度不宜太快，否则会堵塞过滤器，影响过滤效果，缩短过滤器的使用寿命。虽然过滤器不像潜水泵那样对砂较敏感，但液体中砂含量太高会加速过滤器的损坏。地浸采铀化学沉积物主要是 $CaCO_3$、$CaSO_4$ 的结垢，是影响过滤器正常工作的主要因素。由于过滤器的材质和制作方式不同，使用年限也不同，强度大的过滤器通常耐久。经实践证明，过滤器周围填充砾石可延长其寿命，表 5-4、表 5-5 是独联体国家填砾与不填砾过滤器使用状况对比[12]。从表中看出，无论是抽出井还是注入井同种过滤器不填砾的报废率均高于填砾的报废率。

表 5-4　抽出井过滤器的工作状态

过 滤 器 类 型	井数/个	过滤器报废数/个	寿命/a	井报废数/个
PVC 套管,$\phi110mm \times 18mm$,纵向缝式,孔隙率 4%,裸孔	7	4(57%)	3 4 5 8	1 (25%) 1 (25%) 1 (25%) 1 (25%)
PVC 套管,$\phi110mm \times 18mm$,纵向缝式,孔隙率 4% ~ 6%,砾石填塞	33	3(9%)	1 2 8	1 (33%) 1 (33%) 1 (33%)
PVC 套管,$\phi140mm \times 18mm$,纵向缝式,孔隙率 4% ~ 6%,裸孔	30	9(30%)	1 2 3 4 5	2 (22%) 1 (11%) 2 (22%) 1 (11%) 3 (34%)
PVC 套管,$\phi140mm \times 18mm$,纵向缝式,孔隙率 4% ~ 6%,砾石填塞	205	19(9%)	1 2 3 4	5 (26.3%) 9 (47.3%) 4 (21.0%) 1 (5.4%)
PVC 套管,$\phi140mm \times 18mm$,横向缝式,孔隙率 6%,砾石填塞	16	2(12.5%)	1 2	1 (50%) 1 (50%)
PVC 套管,$\phi225mm \times 20.5mm$,纵向缝式,孔隙率 4%,裸孔	6	3 (50%)	2 3	2(66.6%) 1 (33.3%)
ϕД-140 外骨架式,孔隙率 7% ~ 9%,裸孔	45	8(18%)	2 3 4 5	2 (25%) 3 (37.5%) 2 (25%) 1 (12.5%)
ϕД-140 外骨架式,孔隙率 9%,砾石填塞	19	3 (16%)	3 4	1 (33.3%) 2 (66.6%)

过滤器类型	井数/个	过滤器报废数/个	寿命/a	井报废数/个
φ108mm 不锈钢骨架，包有金属网，砾石填塞	5	钻孔平均服务年限 4.8a		
φ108mm 不锈钢骨架，滤网 0.4mm×0.25mm	2	钻孔平均服务年限 5a		

表 5-5　注入井过滤器的工作状态

过滤器类型	井数/个	过滤器报废数/个	寿命/a	井报废数/个
PVC 套管，φ110mm×18mm，纵向缝式，孔隙率4%，裸孔	79	66(83.5%)	1 2 3 4 5 6	2 (2.0%) 12 (16.7%) 9 (12.5%) 7 (9.7%) 25 (34.7%) 11 (15.3%)
PVC 套管，φ110mm×18mm，纵向缝式，孔隙率4%，砾石填塞	42	20(47.6%)	1 2 3 4	3 (15%) 3 (15%) 6 (30%) 8 (40%)
PVC 套管，φ110mm×18mm，横向缝式，孔隙率6%，砾石填塞	4	2(50%)	1	2 (200%)
PVC 套管，φ140mm×18mm，纵向缝式，孔隙率4%~6%，裸孔	9	5(55.6%)	1 2 3	1 (20%) 2 (40%) 2 (40%)
PVC 套管，φ140mm×18mm，纵向缝式，孔隙率4%~6%，砾石填塞	110	48(43.6%)	1 2 3 4	10 (21%) 17 (35%) 14 (29%) 7 (15%)
PVC 套管，φ140mm×18mm，横向缝式，孔隙率6%，砾石填塞	6	3(50%)	2 3	1 (33.3%) 2 (66.6%)

过滤器类型	井数/个	过滤器报废数/个	寿命/a	井报废数/个
φД-140 外骨架式，孔隙率 7%~9%，砾石填塞	8	3（37.5%）	2 3 4	1（33.3%） 1（33.3%） 1（33.3%）
φД-140 外骨架式，孔隙率 9%，裸孔	8	4（50%）	2 3 4	1（25%） 1（25%） 2（50%）

5.9.2 过滤器更换的意义

过滤器是井的咽喉，如被破坏或不能正常工作都将不同程度失去井的作用，重者导致生产中断，轻者影响生产能力。正常情况下，地浸矿山一个采区的生产一般需 3~5 年时间，但长的达 20 年。井内过滤器寿命受多种因素的影响，有些过滤器可以持续到生产结束，而有些则因种种原因不能保证采区生产阶段完好无损。在生产中，过滤器常发生的问题之一是堵塞，堵塞分机械堵塞和化学堵塞。机械堵塞是指过滤器在长期抽液与注液过程中，由于淤泥或粉砂滞留在过滤器壁上，天长日久，使过滤器抽液或注液能力下降，最终丧失渗透能力。机械堵塞多发生在抽出井中。化学堵塞是由于地层中存在与注入试剂发生化学反应生成化学沉淀物的化学成分，这些沉淀物堵塞过滤器。化学堵塞无论是酸法还是碱法浸出均会发生。如矿层中钙含量过高，在酸法浸出时会因注入 H_2SO_4 而生成 $CaSO_4$ 沉淀；在碱法浸出时，会因注入碳酸盐而生成 $CaCO_3$ 沉淀。这两种化学沉淀物都会逐渐堵塞过滤器，同时还会积聚在地表管路、泵、阀门中，降低抽液量或注液量，腐蚀设备，影响生产的正常进行。

解决化学堵塞的主要办法是防止结垢和除去溶液中钙。防止结垢产生可以从使用的化学试剂入手，除去溶液中钙可在浸出液抽出后在地表采用物理方法和化学方法。物理方法人为创造钙沉淀的条件，化学方法加入化学物品，如 Na_2CO_3。虽然采取这些措施，但有时也无法保证过滤器的能力能恢复如初，而更换过滤器是解决这一问题最根本的方法。由于机械堵塞和化学堵塞的存在，一些地浸矿山不得不在采区生产中期更换过滤器，以便保证生产。如不及时更换过滤器，将降低抽液量或注液量，严重者会使井报废，影响矿山产量，更有甚者，还会破坏井场抽液与注液的平衡系统，使液流流量与方向失控，过量污染地下水，降低资源回收率等，更换过滤器的意义可见一斑。

5.9.3 过滤器以新换旧

图 5-14 给出可更换式过滤器示意图[22]。这种过滤器底部装有既止顺流又止逆流的两个阀门，两个阀门以相反方向安装。过滤器顶端螺纹管上设有挂钩，以便下入和取出过滤器。套管上端套有两个横截面为锯齿形的橡胶密封圈，相隔 300mm。密封圈与井中套管内壁紧密接触，液体无法通过。

以新换旧即用新的过滤器更换旧的无法继续使用的过滤器。这种更换过滤器的方法行之有效，在美国和澳大利亚等地浸矿山广泛应用。使用这种方法更换过滤器的先决条件是钻孔为非填砾式，对于填砾式结构，因过滤器提出后填砾塌落，无法下入新过滤器。

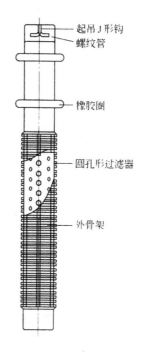

起吊 J 形钩
螺纹管

橡胶圈

圆孔形过滤器

外骨架

图 5-14 可更换式过滤器

5.9.4 过滤器的破坏式更换

所谓破坏式更换是在钻孔内下入切割刀具，将旧过滤器切割成碎屑，用清水冲洗至地表，然后下入新过滤器。在矿山设计时，常常因对地层条件、浸出剂与地下化学成分反应等认识不

133

清，过滤器堵塞情况估计不足，而未设计可更换式过滤器。可经过一段生产之后，过滤器堵塞问题越来越严重，不得不更换，只有采用此方法。

　　破坏式更换过滤器的方法原则上可应用于各种井中，但矿层段必须在短时间内相对稳定，否则在切割时会因孔壁坍塌给施工造成一定困难，无法完成过滤器更换。与以新换旧的方式一样，采用这种办法更换过滤器钻孔必须为非填砾式结构。

6 监测井的设计与应用

6.1 监测井的监测内容与目的

6.1.1 布置监测井的意义

地浸试验和生产过程中，由于注入化学试剂，一方面扰动了地下水原始状态；另一方面改变了地下水化学成分。注入和抽出造成井周围地下水水位局部变化，流速增大，破坏了原有的水力梯度，改变了流动状态。在这种情况下，如失去控制，液流会不按人们的意志流动，流出井场外使金属流失，扩大污染范围。

注入的化学试剂改变了原有的化学反应条件，使一些元素溶解，一些元素沉淀，本身稳定的地下水失去了平衡。酸法地浸时，因注入酸，地下水 pH 值降低，铀从沉淀态变为溶解态，溶解在液体中。类似于铀的元素还很多，在条件成熟时从沉淀态转为溶解态，恶化地下水水质，尤其重金属元素更为如此。当被污染的地下水流到井场外，便加重了问题的严重性。由于这些原因，无论在试验阶段、生产阶段还是终产的地下水治理阶段都需对地下水实施监测。对地下水的监测主要通过监测井完成。

6.1.2 监测内容

地浸矿山监测井监测大体分为 3 个阶段，地浸采铀试验前、试验和生产期间以及生产结束后的地下水复原阶段。在这 3 个阶段，我们一直关注地下水动态和岩矿中某些化学成分的本底值及其变化。无论是酸法还是碱法，地浸中受关注的对象有地下水水位、水流方向、U、Ca^{2+}、Mg^{2+}、Fe、pH、SO_4^{2-}、CO_3^{2-}、HCO_3^-、TDS、Cl^-、电导率等[23]。浸出液用硝酸盐淋洗时，还要知道 NO_3^- 的本底值与变化。井场内的抽出溶液中化学成分可通过化验分析得到，而这 3 个阶段中井场周围和矿层上部与下部含水层中的地下水状态、化学成分本底值及元素迁移规律只有通过监测井取样才能得知。同样，其它离子的初始值与变化也要通过监测井获得。

不同阶段地下水监测内容的侧重点也不一样，表 6-1 给出了试验前本底值的监测内容[24]。

表 6-1　开采前地下水本底值监测参数

项目名称	监　测　参　数
物理参数	电导率　总 α　总 β　TDS　水位　水流方向　温度　pH　外观　颜色　气味
常量	NH_4^-　Cl　K　HCO_3^-　Mg　Na　Ca　NO_3^-　SO_4^{2-}　CO_3^{2-}
微量元素	Al　Cu　Ni　F　^{226}Ra　Fe　S　Ba　Se　As　B　Pb　^{230}Th　Cd　Mn　U　Cr　Hg　V　Co　Mo　Zn

6.1.3　监测目的

上面讲到，地浸生产中我们除要掌握浸出液中的化学成分变化外，还要了解矿层上含水层与下含水层、井场外围含矿含水层状态及化学成分变化情况。通过监测，可达到以下目的：

试验前：

（1）掌握地下水状态，取得准确数据与试验和生产阶段对比；

（2）测定各化学成分本底值，为地下水复原提供依据。

试验和生产中：

（1）随时发现可能的水平泄漏与垂直泄漏，避免含铀溶液流失，减少金属损失；

（2）将试验和生产数据与本底值比较，分析试验与生产状态，优化试验与生产；

（3）调整抽液与注液平衡，实现溶浸范围的控制；

（4）减少对地下水污染。

地下水复原期间：

（1）根据地下水中元素及化学成分变化与迁移规律提出合理的地下水治理方案；

（2）检查地下水治理效果；

（3）向环保部门提供治理依据；

（4）观察地下水治理的稳定状态。

不同阶段的监测井也确实能达到上述监测的目的，美国Highland、Crow Butte 和 Christensen 地浸矿山在1999～2001年生产期间监测井监测到不同程度、不同时间的溶液泄漏。针对这些泄漏的发生，美国核管理委员会（Nuclear Regulatory Commission）要求各矿床采取措施处理，经评定，处理结果达不到要求将被吊销执照。

6.2 监测井的作用

6.2.1 试验与生产的需要

在抽液与注液过程中，我们希望井场的液体能在一个最佳状态下流动，形成有利浸出的流场。在这个流场内，矿石可部分或全部被浸出，抽出井之间在最小的动力下运行，节省能源。但是，当某处发生溶液泄漏时，这个相对封闭的系统被破坏，使井场失去抽液与注液平衡的最佳状态。

在地浸采铀试验和生产中，由于抽出井与注入井的抽液与注液作用，破坏了地下水原有的平衡状态，地下水的水位、水流方向、流速在一定范围内受到干扰。在抽出井周围，由于抽液作用，使井周围产生降落漏斗，增大了水力梯度。在水力梯度驱使下，周围水体加速流向抽出井。在注入井周围，由于注入浸出剂，使原地下水水位局部升高，改变了原有的水力梯度，使注入井的水体加速向周围扩散与流动。在地浸生产中，为使溶液能在我们控制的范围内有序流动，不因失控流出采区外污染环境，也不因井型与井距设计不当造成部分矿体得不到浸出，形成溶浸死角，生产期间应自始至终维持抽液与注液平衡[3]。通过监测井可以知道溶液是否流出采区，溶液死角发生位置。布置在井场内和井场外围的监测井可监测到溶液的漏失情况，发现溶浸死角。

监测井的用途之一就是监测抽液与注液过程中地下水水位的变化情况，经分析从中发现问题。通过井中水位的高低，掌握局部范围内水体流势，从而调整井的抽液量与注液量，维持抽液与注液的平衡，最大限度地回收资源。

6.2.2 地下水治理的需要

6.2.2.1 环境治理的要求

随着世界工业与经济的发展，人们对保护生态环境的认识越来越深，各国先后制定了一系列法规与法律，保护我们赖以生存的地球。环保形势的发展也影响到采矿业，提出在合理利用资源的同时保护环境，为子孙后代着想。与常规采矿相比，地浸采矿有一系列无法比拟的优点，但也存在最大的不足，即造成地下水污染。地下水通常较地面水难以被污染，但一旦被污染，其不良后果就难以消除。

6.2.2.2 地下水污染原因

地浸采铀会污染地下水是因为在浸出过程中要不断向含矿含水层注入化学试剂，化学试剂会直接或间接污染地下水。以年产200t的酸法地浸矿山为例，如吨金属耗酸40t，那么生产20年就要向地下注入160000t硫酸，使地下水中的SO_4^{2-}急剧增加。除直接注入的化学试剂会造成地下水污染之外，浸出液处理过程中使用的化学试剂也会随浸出剂注入地下，浓度不断积累，同样污染地下水。同时，铀从沉淀态变为溶解态，部分残留在地层中，也是污染地下水的因素之一。当然，由于注入酸引起的pH变化，改变了地下水的酸碱度及重金属浓度，这也是污染地下水的原因。

6.2.2.3 地下水污染实例

捷克的Stráz地浸矿山，自1968年生产以来累积注入地下约380万t硫酸，27万t硝酸、10万t铵和25t氢氟酸及少量其

138

它化学试剂，造成 $1.8 \times 10^8 m^3$ 的水遭到不同程度的污染，面积达 $28km^2$。污染后地下水中含盐量为 $1 \sim 10g/L$，有时更高，pH $= 1.8 \sim 3.5$。正是因为地浸采铀这一特殊性，要求采矿结束后必须进行地下水治理，原则上将地下水水质恢复到开采前水平。要进行地下水治理，满足环保部门的法令法规，就要掌握开采前地下水水质本底，这是监测井主要的任务。有了地下水本底数据就可作为后期地下水复原的依据，并可针对一些主要的化学成分提出治理方案。

表 6-2 是碱法地浸时地下水水质在注入浸出剂前后的变化，表中第一次用 10g/L 碳酸钠加 5g/L 碳酸氢钠作浸出剂，第二次用 10g/L 碳酸氢钠作浸出剂[26]。从表中可以看出，许多元素的本底值在注入浸出剂后发生很大变化。

表 6-2　本底水质和浸出液基本情况表

成分	第　一　次		第　二　次	
	本　底	浸　出　液	本　底	浸　出　液
pH值	7.9	$9.9 \sim 10.3$	8.3	$8.8 \sim 9.2$
TDS	1097		860	
Al	1			
HCO_3	210	$1400 \sim 3600$	190	$3000 \sim 7000$
CO_3^{2-}		$2000 \sim 5600$	30	$0 \sim 250$
Ca	30		30	$30 \sim 35$
Cl	380	$150 \sim 300$	280	$150 \sim 300$
Mg	15		15	$2 \sim 5$
K	8		9	
Si	20		8	$8 \sim 20$
Na	500	$2000 \sim 5000$	200	$1000 \sim 3000$
S	150		100	
U	1	$30 \sim 160$	3	$40 \sim 90$
H_2O_2		$200 \sim 1000$		
O_2				$1000 \sim 2500$

6.3 监测井的结构与监测目标

6.3.1 监测井的结构

根据监测井的目的和用途可知,利用监测井主要是取水样,测量必要的参数,有时也取固体岩芯样。为承担如此任务,监测井一定要与某监测层连通,并且要安装过滤器以便取到水样。通常监测井的结构同抽出井与注入井类似,但比抽出井或注入井简单,尤其大批量施工监测井时更为如此。因一般不会利用监测井大量抽液或注液,过滤器因抽液或注液引起粉砂流动而降低渗透性的几率远比抽出井或注入井小,因此周围可不必填砾,而采用裸孔形式。既然没有大量的液体流动,也不会或很少产生沉砂,可不必考虑沉砂管。另外,从监测井的功能知道,既然监测井不发生大量抽注,当然也没有抽液量或注液量的要求。因此,井的直径可比抽出井或注入井小,节省钻井费用,加快钻井速度。近些年来已开发了钻孔连续监测仪,设计监测井直径时要考虑这些仪表探头的大小。如用潜水泵取样,设计监测井直径时还要考虑潜水泵尺寸。

6.3.2 水位监测

开采前的监测主要获得地下水水位、流向、化学成分和元素的本底值,布置监测井时要针对矿床的具体情况而定。图 6-1 给出了某矿床为获得不同矿段本底值时监测井布置的实例。

图 6-1 为确定开采前矿层上部与下部含水层的水位、流动方向,考虑到矿体氧化带、还原带的地质、水文地质条件的差别,设计了 17 个监测井,含矿含水层中 11 个,其中 5 个在矿体中,3 个在井场外围还原带,3 个在井场外围氧化带。矿体内监测井在上部与下部含水层中各 3 个。将这些监测井得到的地下水数据加以比较和分析可描绘出地下水运动流网,画出基本的地下水水位压力面图和流动方向。垂直水流运动态势可通过比较 3 个含水层的水位得到。为防止勘探孔成为各含水层之间的水力联系通道,在勘探时应及时对勘探孔进行封孔。在矿体内,监测井按每

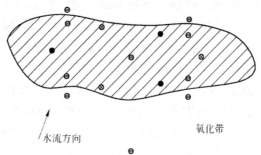

图 6-1　开采前本底值测定监测井的布置

●—上含水层；⊙—下含水层；⊜—含矿含水层

个井覆盖半径 76m 的范围设计。

6.3.3　泄漏监测

如果可能，用于收集本底值的井可考虑用于泄漏监测，如抽水试验表明邻近的含水层与含矿含水层无越流迹象，可减少监测量。但是，为了预防，邻近含水层地下水水位低于含矿含水层地下水水位时，要设置监测井。如条件允许，可将监测井布置在任何含水地层，提高安全系数。不论怎样，至少要考虑监测非矿含水层的监测井。

如抽水试验表明含矿含水层与上含水层或下含水层存在水力联系，在开采前要搞清楚是天然的还是由于钻孔造成的。施工中井质量不好，套管与孔壁之间的环形空间会成为溶液泄漏的直接通道，此类井要进行封堵处理。由于天然泄漏无法靠人工阻止，开采时要严格控制。

从井中抽水可测定垂直方向泄漏，但确定泄漏地点和泄漏渠道是困难的。监测井只能给出水中化学成分变化，无法告诉水流方向，哪里发生泄漏，几乎不可能区分井和老勘探孔的泄漏。如果找到了泄漏源，应立即采取措施，除去污染物。经常遇到的问题是垂向泄漏发生后，找不到合适位置的井替代泄漏井完成抽液

141

或注液任务，除非监测井可用或另打井。

无论是水平泄漏还是垂直泄漏，都可采用示踪剂的方法来确定。美国得克萨斯州 Hobson 地浸工程在 1981、1982 年对地层沟流的存在用甲醇(MeOH)、乙醇(EtOH)、异丙醇(IPA)和正丁醇(NBA)进行示踪确定[27]。该工程采用 5 点型井型。试验块段如图 6-2 所示。试验时将 0.8m³ 的醇注入到井间距为 30.4m 的各注入井中。将 MeOH 注入 30 号井，EtOH 注入 20 号井，IPA 注入 32 号井，NBA 注入 18 号井。注入醇后从抽出井取样，开始 2 个月内每天取样 3 次，以后每天取样 1 次。在试验期间将个别注入井转为抽出井，如 25 号井和 47 号井。经示踪试验后，发现了 5 个产生沟流的井。

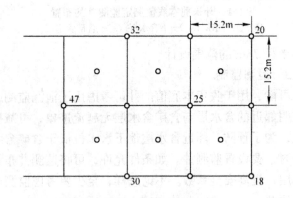

图 6-2　示踪法泄漏监测
⊙—注入井；○—抽出井

6.3.4　水质监测

水质监测可作为水位监测的辅助手段，早期警告水平泄漏，也是惟一的垂向泄漏指示参量。由于浸出剂化学成分相对简单，可从阴离子与阳离子浓度变化确定地下水状况。

有几种方法可判定泄漏，如用电导率平均值或最高天然值。如用平均值，要求电导率至少超过本底值一个标准差；如用最高天然值，要确定超出的百分数。在美国得克萨斯，如在短期内电导率超过本底平均值 34% 或长期超过 15%，则认为泄漏已发生。

6.4 井场内与井场外监测井的布置

6.4.1 井场内监测井的布置

矿体采区内溶液中的 U、SO_4^{2-}、Ca^{2+}、Mg^{2+}、pH 值及其它重金属含量一般可从浸出液中分析得出，作为控制生产的必要数据。矿床是否适宜地浸开采取决一系列内在条件和外部条件，对于内在条件之一，要求矿体具有连续的不透水的顶板与底板，可以在开采中保证溶液不外流。但为尽可能地采用地浸法开采铀矿资源，有时在一些条件不能完全满足的情况下也采用地浸法开采，其中最常见顶板与底板不连续的情况。由于顶板与底板不连续或厚薄不一、水力作用产生裂隙、隔水性能差等原因会造成溶液穿透顶板与底板。水文地质观点认为，隔水层实际上是透水能力比较微弱的透水层。另外，由于钻孔施工中封孔操作不当或质量问题，比如填砾超过泥岩层、水泥封孔质量差、塌孔、套管破裂等，都会成为溶液垂向漏失的通道。再则，未封好的老勘探孔也是最常见的溶液垂向漏失通道。正因为如此，地浸设计者利用老勘探孔时一定要慎重，不能使它成为溶液漏失的通道。由于这些原因造成的漏失会使溶浸范围控制失败、破坏抽液与注液平衡，污染上含水层与下含水层，给后期地下水治理带来困难。为尽早发现、确定溶液垂向漏失的地点和程度，并及时进行处理，要求井场内布置监测井。这类监测井主要监测溶液漏失状态及对上含水层与下含水层造成危害的程度，如图 6-3 所示。

相比较而言，上含水层是监测的重点，因为井场大量抽出井与注入井穿过上含水层，而对下含水层波及有限。由于这些井的存在，上含水层的泄漏机会远大于下含水层。

6.4.2 井场周围监测井的布置

布置在井场内的监测井主要监测溶液垂向漏失，布置在井场周围的监测井主要完成溶液水平漏失的监测任务。井场外围的监测井主要布置在含矿含水层中，设计时要考虑本底数据监测井的

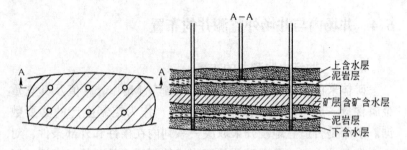

图 6-3　监测井布置在井场内上、下含水层中

位置，最好兼用。

　　溶浸范围控制主要通过井场内抽出井与注入井的布置，各井抽液量或注液量的调整来实现。在生产实践中，矿层中经常出现不可预见的断层、裂隙。同时，抽出井与注入井因机械故障而中断运转、矿层内渗透性各向异性、周边其它水文地质工程影响等情况，都是潜在的造成溶液水平漏失的因素。由于这些不利因素的存在，井场溶液的漏失时有发生。为尽早发现溶液漏失，确定漏失地点，及时进行处理，需在井场周围布置监测井，如图 6-4[28]所示。从图 6-4 中看出，为考虑地下水原始流场及水流方向，矿体水流下游方向监测井间距小于其它三面的间距。

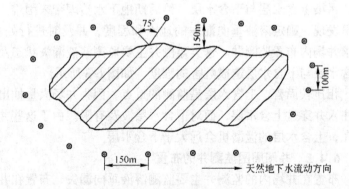

图 6-4　井场外围监测井布置

尽管我们对抽出井与注入井井型和井距精心设计，但在浸出过程中偶尔还会发生溶液渗出井场外的现象。在捷克 Stráž 地浸矿山，由于附近地下矿山排水，造成 Stráž 矿酸扩散出井场。为防止污染范围进一步扩大，不得不在两矿之间建立水力屏障。另外，矿山停电造成抽液与注液系统停止运行、潜水泵维修等等或多或少都会给溶液外泄造成机会。

试验和生产的目的不同，监测井布置也有差别。试验阶段井场外围监测井距井场距离可近些，而生产阶段较远。

6.4.3　沿地下水水流方向监测井的布置

地下水有其天然流场，但流速较缓。为监测一定时间后矿体地下水水流方向水质的变化，通常井场周围沿地下水水流方向布置多个监测井，监测井距井场边界一般为 60m。在地浸过程中，由于抽液与注液的作用，地下天然流场的平衡状态遭到破坏，从注入井注入的浸出剂以远大于天然流场地下水的流动速度向抽出井流动，因为抽出井与注入井间的水力梯度比天然流场的水力梯度大得多。所以，在地浸井场开采设计中主要考虑抽液与注液作用下的平衡，而忽视天然流场的作用。但在矿山生产结束后，被开采扰动的天然流场逐渐得到恢复，地下水又按原始状态流动。可以认为，矿山终产后被地浸开采注入化学试剂污染了的地下水域中的溶质沿天然水流方向的迁移远大于其它方向。

将监测井布置在矿体外围地下水水流方向的下游是针对矿山终产后地下水污染治理考虑的。矿山终产后，井场抽液与注液活动已基本停止，被污染的地下水会向四周扩散，沿地下水水流方向渗流更为突出。为掌握污染物质的迁移规律、随时间变化的动态，为治理地下水做好准备，更有效地提出治理方案与措施，保证治理方法经济可行，需对一些指标、U、SO_4^{2-}、pH 等进行监测，这一任务要通过布置在地下水下游的监测井来完成。这些监测井主要布置在含矿含水层中。

这里讨论的井场下游布置监测井并不意味着井场其它方向不布置监测井，这可视情况而定。如图 6-4 所示，井场四周均布置监测井，但地下水下游方向井间距较其它方向小。

在勘探过程中，如已掌握矿床内在的断层或大的裂隙，那么在开采期间应有针对性地布置监测井，因为这些断层或裂隙可能成为溶液泄漏的通道。

6.5　井场内与井场外监测井布置实例

美国 Smith Ranch 地浸矿山每一监测井中都装有潜水泵，并联至集控室[29]。在现场试验时，布置 5 个半 5 点型井型，周围 5 个监测井呈圆形、等距离分布，如图 6-5 所示。井场内在上含水层和下含水层中各设一个监测井。试验后，为检验浸出效果，另打井取芯。

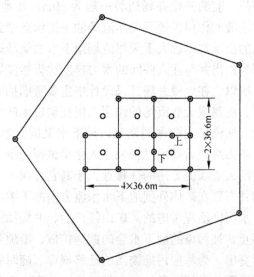

图 6-5　Smith Ranch 地浸试验监测井布置
⊙—注入井；○—抽出井；◉—监测井

美国怀俄明州 Ruth 地浸铀矿床采用 7 点型，共 39 个井，井间距 9.15m，如图 6-6[30]。其中监测井 7 个，3 个布置在井场内，4 个布置在井场外围。井场内的监测井 1 个位于上含水层，2 个位于下含水层。4 个外围监测井以大约 62m 的距离分布在井场周围。

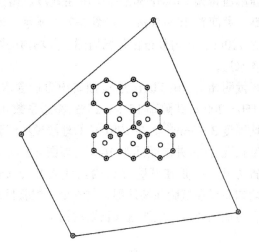

图 6-6　Ruth 地浸试验监测井布置
⊙—注入井；○—抽出井；◎—监测井

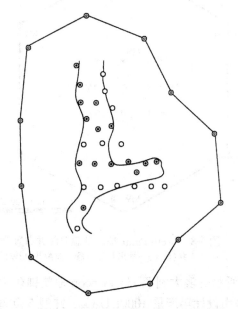

图 6-7　Crownpoint 地浸试验监测井布置
⊙—注入井；○—抽出井；◎—监测井

美国新墨西哥州 Crownpoint 铀矿床在地浸试验期间采用似行列式井型，井间距 10～50m，如图 6-7[31] 所示。外围监测井距井场边界 120m，均匀分布在井场周围。井场内的两个监测井均位于上含水层。

美国怀俄明州 North Platte 地浸铀矿山含矿含水层厚 25m，矿体埋深 150～200m,孔隙率 15%～25%,渗透系数 0.6～1.5m/d,矿层平均厚度 3～5m[32]。在 1981 年的地浸现场试验中采用了一组 5 点型钻孔,注入井之间间距 16m，如图 6-8 所示。监测井以两种布置方式，一是在试验井场内与注入井交叉布置，共 4个；二是均匀布置在试验井场外围，共 6 个。试验目的之一是证明地浸不会对周围环境产生严重和长期的污染。

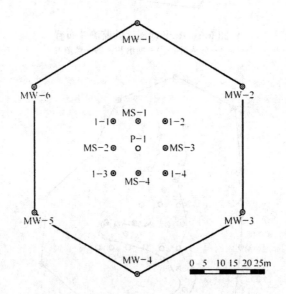

图 6-8　North Platte 地浸试验监测井布置
⊙—注入井(I)；○—抽出井(P)；◎—监测井(MW)

图 6-9 所示是澳大利亚 Honeymoon 地浸铀矿山监测井布置实例[33]。矿山设计年产量 1000t U_3O_8，井型 5 点型，注入井与注入井间距 20～60m，抽出井与注入井数比例 1∶1.25。井场外

围监测井距井场边界 125m，监测井之间相距 125m。监测井布置在含矿含水层中，用于监测水平泄漏。井场内监测井密度为每 15000m² 1 个，布置在上含水层中。

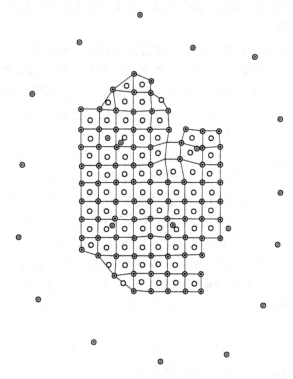

图 6-9 Honeymoon 地浸试验监测井布置
⊙—注入井；○—抽出井；◎—监测井

6.6 影响监测井的数量因素及确定原则

6.6.1 影响监测井数量的因素

6.6.1.1 矿床条件

矿体区域内的地质构造，有无大的断层、裂隙存在，复杂程度等是影响监测井数量的因素。如果在整个矿区内存有贯穿矿层与上含水层或下含水层的通道，监测井的数量要适当增加，除正常布置监测井外，还要针对断层、裂隙专门布置监测井。同样，如果整个区域内地下水系统、地下水中化学成分复杂会增大抽液与注液平衡控制难度，不易掌握化学成分及生成物的规律，要加强监测工作。

含矿含水层的地下水和浸出过程中的溶液不外泄在垂向方向上全依赖矿层顶板与底板，如果顶板与底板连续，隔水性能好，可基本上不考虑垂向溶液泄漏问题，除非存在老勘探孔和新钻孔封孔质量问题。但如果顶板与底板不理想，就会增大溶液泄漏机会，必须多布置监测井。

矿层上含水层与下含水层水资源状态也是地浸开采应加强监测控制的原因之一，如含水层水质好，水量丰富或是居民饮用水源或可做商业应用，必须严格保护。在这种情况下，实施地浸开采要慎重对待含水层的监测问题，监测井的数量也随之增多。从水文地质学角度出发，含水层由补给从外界获得地下水，通过径流将地下水由补给区输送到排泄区，地下水的排泄区常常与地表水系水力相联。因此，在开采区附近如果有地表河流、湖泊等，特别是居民饮用水源，就要弄清地下水系统，对含水层监测给予足够重视。

6.6.1.2 钻孔成本

有些矿山的监测井数量占生产井(抽出井和注入井)总数的一半以上，如此之多的监测井钻孔费用也是一笔不小的开支。因此，除考虑其它因素外，确定监测井数量时还应将钻孔成本作为主要因素。钻孔成本主要与钻孔直径和深度有关，它们之间呈非线性关系，即在钻孔直径和深度增加到一定程度后，再增加很小的量，便能导致钻孔成本大幅度增长，这也是为什么目前技术经济条件下，地浸采铀矿床埋藏深度不宜超过600m的原因之一。对于监测井，在矿层埋藏浅、施工条件好的矿山监测井数可适当增加，反之应控制监测井数量于最低限度。

6.6.1.3 采区外部环境

目前世界地浸矿山多半坐落在荒无人烟的沙漠或戈壁地带，

这些地带一般周围无居民或居民稀少，依现阶段形势，环保条件可放松，监测井数目可适当减少。而那些坐落于人口稠密、农田、草原的矿山应增加监测井的数量，严格保护周围的生态环境。如果地下水被污染，用于此水灌溉会污染农作物、植物、牲畜及野生动物，人食用了这些动植物，身体会受到疾病的威胁，造成连锁反应与严重的生态污染问题。

6.6.1.4　政府环保政策

虽然目前各国对环境重视程度日益提高，但各国制定的规定、法律、操作环境各不相同，并受发展程度与经济条件的制约。发达国家经济已发展到一定程度，不存在为生存而破坏大自然，破坏生态环境的问题，因此制定的环保法律、法规比较严格。这些国家经济发展到了这一步，有能力保证政策的实施。而发展中国家则不尽然，即使制定严格的法律、法规，也无力付诸实现，特别是一些还为生存而挣扎的国家，暂时无法顾及环境。因此，法律、法规比较宽松，执行起来也因地制宜，因客观条件而异。地浸开采属矿产资源利用范畴，环境保护受到国家大经济气候的影响，监测井的数目也随之波动。发达国家监测井数目较多，而发展中国家较少。美国虽然采用碱法浸出，对环境的负面影响比酸法轻，但某些地浸矿山监测井数目占生产井一半以上，是世界上地浸矿山最高的，而某些发展中国家的地浸矿山监测井数目很少。

6.6.2　井场内监测井的数量

监测井数目受上述因素影响，各国也无统一的标准。生产期间，美国地浸矿山确定井场内监测井数量的原则为一个井覆盖 $12000 \sim 16000 m^2$。Christensen 矿山一个监测井覆盖 $14200 m^2$；Smith Ranch $16000 m^2$；Highland $12000 m^2$；Crow Butte $16000 m^2$，但美国有的矿山的原则是每 $8000 m^2$ 布置一个监测井[34]。怀俄明州的 Highland 矿山两个井场共 67 个井网单元，255 个生产井，135 个监测井[35]。得克萨斯州 Clay West 矿山每个采区都有 550 个井，其中 250 个注入井，150个抽出井，150 个监测井。澳大利亚 Honeymoon 矿山井场内监测井布置的原则为一个监测井覆盖 $15000 m^2$[33]。

有的国家以钻孔总数的 10% 作为布置监测井数量的原则。

布置在井场内矿层上含水层与下含水层中的监测井施工时一定倍加小心，上含水层的监测井不能打穿隔水顶板，而下含水层的监测井要穿过矿层与底板，千万不能使其成为溶液串层的通道。

6.6.3 井场外围监测井的数量

美国有的矿山在井场外围布置监测井的原则是[28]：

（1）监测井距采场周边 120～150m；

（2）监测井之间距 150mm 左右；

（3）任何生产井到最近两个监测井之间的连线的夹角不能大于 75°。

这些条件只是原则性的，布置监测井时还要考虑具体条件。

6.6.4 地下水水流方向下游监测井的数量

布置在地下水流动方向下游的监测井主要考虑地浸矿山终产后的地下水复原，设计的目的是长期监测地下水水质变化、化学成分及元素迁移规律。这种类型监测井的数量与众多因素有关，无统一标准。在设计时可根据井场垂直于地下水流方向的宽度布置，具体布置数量与位置可参照井场外围监测井数量的 3 条原则。

在水流方向下游，井间距比其它地段要小些，如图 6-4 所示。

6.7 监测井取样与样品处置

6.7.1 取样间隔

监测井的监测任务通过从监测井中采取样品实现。从监测井中取样时间间隔依据不同阶段的监测对象而变化，总体上可将地下水中化学成分和水文参数分为定期取样和不定期取样。取样间隔各国、甚至同一国家不同矿山也不一样，尚无统一标准。总结目前情况，位于生产区上含水层与下含水层中的监测井每月取样两次、分析检验化学成分，地下水水位每月取样 1 次；井场周围的监测井每两个月取样 1 次；布置在水流下游的监测井取样间隔时间更长；布置在特殊地段的监测井每月取样一次，这些地段一旦发生泄漏，扩散速度较快。监测井的取样间隔并不是严格不变的，要根据实际情况调整，如在试验初期，几乎每天都观测水位变化。泄漏发生后，采取措施前，也应每天取样。

井的水位测量最好所有井同时进行，以避免水位值因季节、大气压的变化而受到影响。采矿前水位要季节性测量，如有抽水影响，要多次测定。美国建议水质分析取样时取两组样，分别送至不同的实验室，两组样要在一周内取完，取样间隔每两周一次，分析电导率、铀、铵、氯化物和硫酸盐等。天然地下水流速很慢，抽液与注液后流速加快。因此，地下水水质不会在较远监测井中迅速发生大的变化。电导率测定可通过探针完成，探针下放到过滤器 1/3 位置处，探针用过要用蒸馏水清洗后，才能放入其它井中。

美国 Smith Ranch 地浸矿山试验期间每月测量水位，评价降落漏斗形状。试验阶段的地下水恢复期间每月取样一次，测试水质及稳定性。

在取样前，每个井中要测量地下水水位和深度，然后进行抽液，要抽出相当于钻孔 3 倍体积的液体，并保持地下水水位恢复到它的原始水位，主要是为取到真实的样品。用取样器取样时，在过滤器段从上向下距 2～3m 取样。表 6-3 是监测井取样间隔。

表 6-3 监测井取样间隔

监测对象	井 场 内	井 场 边 界	井 场 外
非矿含水层	开采前每 6 个月 开采后每 12 个月	开采后每 12 个月	开采后每 12 个月
含矿含水层	6 个月	6 个月	6 个月

根据监测井的位置不同，其监测项目与取样间隔也不一样，表 6-4 是独联体国家井场内与井场外监测井实际操作参数。

表6-4　井场内与井场外监测井监测项目与取样间隔

名　称	监测项目	取样间隔	监测方法
井场内	水位	10日1次	电动液面计
	金属、pH、SO_4^{2-}、Eh	10日1次(酸化期)	化学分析、自动
	金属、pH、Eh、杂质成分	30日1次(开采期)	化学分析、自动
井场外	水位		电动液面计
	金属、pH(H_2SO_4)、Eh、杂质成分	30日一次	自动

6.7.2　取样方法

取样方法很多，如潜水泵取样，压缩空气取样，取样器取样和连续监测等。潜水泵或压缩空气取样时，为取到靠近过滤器处有代表性的样，每个井至少要抽15min，直到每隔5min取的3个连续样品的电导率一样为止。新型取样器可分层取样，可防止因井内液体混合不匀而取不到真实的样品。实际上，在深200m的井中，过滤器位置离地下水水位表面有几十米，甚至上百米的距离，不用分层取样器很难保证取到真实的样品。地浸采铀多在承压水条件下，虽然终孔在含矿含水层中，但井中静水位会上升远高于含矿含水层水位。在上百米深的井中，由于井内液体不流动或流动极缓，底部与上部达到完全混合均匀要很长时间，因此，潜水泵或压缩空气取样要先抽15min，抽出井体3倍的液体。

另外，当注入浸出剂产生含铀溶液后，由于含铀溶液密度与地下水密度不等，密度大的含铀溶液下沉，处于下层运移。含铀溶液的下沉速度取决于其密度和地下水密度差，差值越大，下沉速度越快。试验得知，密度差0.0045g/cm³时，密度大的液体下沉速度0.5m/min，当密度差0.0195g/cm³时，下沉速度2m/min[36]。从实践中得知，两种液体未混合时密度大的液体下沉速度与两种液体的密度差成正比。因此，地浸采铀钻孔取样时要充分考虑含铀溶液在地下水中的运移特性。从监测井中间隔取样和人为混匀井中液体后的取样均可消除井内液体混合不匀对取样真实性带来的影响。

在井中装备精度为 3mm 的水位计也是监测地下水水位的一种方法，采用这种方法时，最好同时监测 3 个监测井，分析获得的数据。

6.7.3 样品处置

盛装从监测井取出样品的盛样器要贴上标签，表明地点、取样井号、取样时间等。溶液中 pH 值和有机离子平衡的变化在水样接触大气和温度变化时会受到影响，因此，在水样一到地表应立即分析，包括气味、颜色等，以保证其真实性和代表性。

取出的水样放一定时间后，淤泥、黏土和有机颗粒中吸收的离子会进入溶液中，这会导致水中离子浓度增加，反映不了真实水质。因此，取出的样品要妥善保存。沉淀和过滤可除去水中悬浮物质，视水中颗粒大小决定采用哪种方法。砂或淤泥颗粒可利用沉淀除去，黏土颗粒靠沉淀需很长时间，可通过过滤方法。

由于实验室可能相距井场较远，样品在分析前一定要保存好，确保化学成分、水质无变化。样品取出后，有机物的挥发、重金属的氧化，许多其它化合物及生物反应均会发生，最终影响分析的物质浓度，因此，可针对不同分析指标分别储存。美国环境保护署 EPA(US Environmental Protection Agency)、美国公共卫生协会 APHA(American Public Health Association)和美国地质调查局 USGS(US Geological Survey)都制定了样品储存规范。表 6-5 是其规定的一部分[25]。

表 6-5　监测样品的取样量与储存

项　目	取样量/mL	容　器	储　存　条　件	储存时间
NH_4^+	400	PVC,玻璃	阴凉,4℃ 硫酸,pH<2	24 小时
As	100	PVC,玻璃	硝酸,pH<2	6 个月
Ba	200	玻璃	硝酸,pH<2	6 个月
B	100	PVC,玻璃	阴凉,4℃	7 天

项 目	取样量 /mL	容 器	储 存 条 件	储存时间
Cd	200	玻璃	硝酸，pH<2	6 个月
Ca	200	PVC，玻璃	现场过滤 硝酸，pH<2	6 个月
CO_3^{2-}/HCO_3^-	100	PVC，玻璃	阴凉，4℃	24 小时
Cl	50	PVC，玻璃	无 要 求	7 天
Cr	200	玻璃	阴凉，4℃	3 天
Cu	200	玻璃	硝酸，pH<2	6 个月
F	300	PVC，玻璃	阴凉，4℃	7 天
总 α、总 β	100	PVC，玻璃	无 要 求	7 天
Fe	200	PVC，玻璃	现场过滤 硝酸，pH<2	6 个月
Pb	200	PVC，玻璃	硝酸，pH<2	6 个月
Mg	200	玻璃	现场过滤 硝酸，pH<2	6 个月
Mn	200	PVC，玻璃	阴凉，4℃	24 小时
Hg	100	PVC，玻璃	过滤 硝酸，pH<2	38 天或 13 天
^{226}Ra	200	PVC，玻璃	无 要 求	7 天
Se	50	PVC，玻璃	硝酸，pH<2	6 个月
Si	50	PVC	阴凉，4℃	7 天
Ag	200	PVC，玻璃	硝酸，pH<2	6 个月
Na	200	PVC	硝酸，pH<2	6 个月
电导率	100	PVC，玻璃	阴凉，4℃	24 小时
硫酸盐	50	PVC，玻璃	阴凉，4℃	7 天
TDS	100	PVC，玻璃	阴凉，4℃	7 天
温 度	1000	PVC，玻璃	现场测定	
U	200	PVC，玻璃	无 要 求	7 天
V	200	PVC，玻璃	硝酸，pH<2	6 个月
Zn	200	PVC，玻璃	硝酸，pH<2	6 个月

6.8 指示参量的选择

6.8.1 指示参量的要求

监测井的目的是在含矿含水层、矿层上含水层、下含水层和井场周围地下水受到污染时向人们提出早期警告，警告的依据就是指示参量。指示参量取决于地浸采矿中浸出剂的选择，地下水及矿岩中的化学成分等。这些参量不能因为含水层中的地球化学反应而有很大变化，受到干扰。同时这些参量应易分析、易测得。另外，参量应有较高的敏感度，水中化学成分发生变化时能及时指示。

6.8.2 指示参量的确定

因为 TDS 几乎不被离子交换反应影响，可作为指示参量，并且在浸出期间 TDS 浓度显著增加。TDS 可通过测量溶液电导率的变化来确定，如果不存在大量的无机物，电导率很容易测定，这是一种估算 TDS 浓度的好方法。实际上也可直接用电导率作指示参量，用以监测天然水质变化和泄漏。工作时，主要分析水样中的阴、阳离子的浓度，如 Ca^{2+}、Na^+、Mg^{2+}、Cl^-、SO_4^{2-}、CO_3^{2-} 和 HCO_3^- 等，通过直方图表示出来。与采矿前比较，离子浓度高于本底浓度，证明泄漏发生。

虽然目前监测水质的参量有铀、砷、硒或氨，但对于井场外围的监测井，这些参量并不是泄漏指示的最好参量。这些参量由于氧化/还原、反应、沉淀或吸收会在长距离运移中消失，几乎无法相信它们会在溶液中存在足够长的时间，以致较远的监测井能从取样中探测到。碱法浸出时，尽管向铀矿层注入 NH_4HCO_3，但却不用铀、NH_4^+ 和 HCO_3^- 这 3 个参数作为指示参量，或许因为 NH_4^+ 被吸收，HCO_3^- 已消耗掉，铀在到达监测井之前已沉淀。

目前酸法浸出使用硫酸，由于注入硫酸，使地下水中 SO_4^{2-} 增加，SO_4^{2-} 是当然的酸法浸出指示参量。另外，由于采用酸法，铀在 pH 值下降时溶解出来，在井场内 pH 值和铀浓度也可作为指示参量。

6.9　不同阶段监测结果的处理

6.9.1　生产期间井场内

判断泄漏是否发生可依据地下水水位变化、水质变化等，各国各矿的标准也不一样。美国认为，生产期间井场内的监测井经监测分析后如发现某指示参量超过限值 20% 时，应在 24 小时内取第 2 次样，分析结果也超过限值，那么可以确认已发生泄漏。如第 2 次样品结果未超过限值，那么要在 48 小时内取第 3 次样，分析结果超过限值，认为已发生泄漏；分析结果未超出限值，认为第 1 次样有误。

在发现泄漏后应立即通知有关部门采取措施进行处理，处理的措施有：

（1）查看其它监测井是否监测到泄漏；

（2）如仅一个井发现泄漏，应检查井周围有无上含水层与下含水层串层通道；

（3）封堵串层通道；

（4）停止局部地区抽液与注液；

（5）调整个别井抽液量或注液量；

（6）增加监测井取样次数。

6.9.2　生产期间井场周围

同井场内监测井一样，井场周围监测井地下水化验分析结果如发现异常值应认真分析，看其数值高于限值多少，如超过 20%，应同井场内监测井一样对待。如经证实真有泄漏发生，应立即向有关部门报告。溶液向井场外围泄漏多半由于周边井布置不合理，抽液与注液调节不当，附近地下水工程影响等引起。发生泄漏后要组织专门人员查找原因，根据不同的原因提出处理办法。

常用的处理办法为：

（1）调整周边井抽液量或注液量；

（2）隔离其它已存在的地下水工程；

（3）抽出井与注入井交换。

6.9.3　地浸结束后地下水水流下游

地浸结束后，井场地下水下游方向的监测与生产期间井场内监测不一样，因这时监测的主要目的是观察化学成分变化，找出溶质迁移规律，为后期治理收集数据。为达到这一目的，不管分析化验值是否超出限值都应记录、整理、分析。

7 浸出液的提升

7.1 浸出液提升方式及要求

7.1.1 浸出液提升方式

地浸采铀与常规开采最大的区别是地浸采出的不是矿石，而是含铀溶液。我们把从矿层内抽出的含铀溶液称为浸出液。地浸开采时，注入的化学试剂与矿石发生反应，将铀溶解在液体中，生成浸出液，将浸出液提升至地表进行处理是地浸采铀中一个重要的工艺环节。地浸矿山中，我们经常谈论的提升方式即从抽出井中抽出液体至地表的方式。目前世界上生产的地浸矿山，浸出液的提升只有两种方式，空气提升和潜水泵提升。利用向井内注入的压缩空气实现提升井内液体的方法称为空气提升。利用潜水泵工作时产生的负压实现提升井内液体的方法称为潜水泵提升。

对于生产矿山，溶液提升主要指浸出液的提升。但矿山生产前或生产结束后有时从抽出井中抽出的不是浸出液，在抽水试验期间抽出地下水，在地下水复原阶段抽出残余溶液或受污染的地下水。虽然溶液提升也包含这两个阶段的内容，但这里我们着重讨论浸出液的提升。

7.1.2 提升方式应满足的条件

一般情况下，提升方式选择应满足下列基本要求[6]：

（1）抽液能力应达到设计指标；

（2）即使溶液中含有机械悬浮物，也能保持长时间、高效率地稳定工作；

（3）溶液提升设备采用的材料稳定性好，能经受浸出液的长时间作用(即具有一定的耐腐蚀性能)；

(4) 溶液提升设备具有较好的通用性和互换性；

(5) 操作简单、效率高、使用寿命长；

(6) 提升的技术经济指标好。

矿山采用空气提升时，一般选择容量为每分钟几十立方米的空气压缩机。空压机选择时要计算好抽出井个数及每个井的风量，同时还要考虑压风输送时的阻力损失。采用潜水泵提升时，既要考虑潜水泵扬程又要考虑流量。因潜水泵是一井一泵，只要这两个参数合适，就可满足抽液的要求。地浸矿山无论是酸法还是碱法，浸出液都有一定的腐蚀性，选用提升设备时应特别注意。矿山实践告诉我们，尤其是潜水泵提升，材质选择不当会严重缩短使用寿命，轻者维修频繁，重者生产中断，这方面的教训是不难列举的。溶液中的含砂量也是影响选择提升设备的因素，特别对于潜水泵提升，过量的砂颗粒会加剧磨损。上面谈及的通用性指提升设备在同井场不同的抽出井中均能使用，最好不同的井场也能使用，便于更换、管理、操作和维修。当然，对于任何设备都要求易操作、效率高、寿命长，运行成本低，提升设备也不例外。

7.2 空气提升原理及应用

7.2.1 空气提升原理

空气提升将空气压缩机产生的压缩空气通过风管压入抽出井，空气进入抽出井后与井内液体混合，混合后的气液混合物比原井内液体密度小，根据连通器原理，密度小的气液混合物上升，如图 7-1 所示。

在承压水的作用下，以两井为例，井 A、井 B 内的原始压力相同，因为矿层是透水的，两孔实为连通器。抽水前两井的水头压力相等，为：

$$h_1 \cdot \gamma = h_2 \cdot \gamma \tag{7-1}$$

式中　h_1——A 井静水位，m；

　　　γ——液体密度；

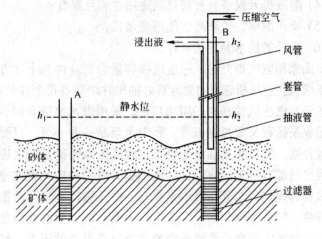

图 7-1　空气提升原理示意图

h_2——B 井静水位，m。

液体密度 γ 相同，水位高度 $h_1 = h_2$，故此式左右相等。

当在 B 井中插入风管，注入压缩空气后，由于气液混合物密度小于原液体密度，B 井中水位上升，由原来的 h_2 变为 h_3，上升高度取决于 B 井中气液混合物的密度。注入压缩空气后，上式变为：

$$h_1 \cdot \gamma = h_3 \cdot \gamma_b \tag{7-2}$$

式中　h_3——B 井注入压缩空气后的动水位；

γ_b——气液混合物的密度。

在等式左边恒定的情况下，要使此式平衡，右边 γ_b 越小，h_3 就越大，水位上升越高。要使水位上升足够高将浸出液带到地表，γ_b 就要足够小。降低气液混合物密度 γ_b 的办法就是注入足够量的空气，保证合适的沉没比。因气液混合物气体占百分比越大，其密度越小，但注入的空气量太多，会存在空气量排挤水量的问题，导致钻孔抽水量较小。决定 h_3 高度的因素主要有两个：

（1）井内压缩空气注入量；

（2）井直径的大小。

同井径的情况下，注入的压缩空气越多，γ_b 就越小，在压缩空气量相同的情况下直径越大，h_3 越小。因为井内柱体容量与直径和高度有关，直径越大，上升同样高度所需的风量越大。从上述分析中得知，要将井中液体上升而冲出井口，只要保证足够的空气量即可。值得注意，在实际应用中并不能只靠注入大量压缩空气就能提升任何深度的液体，因为气液混合到一定比例后再增加气体也无助于降低气液混合物密度，水位也不会上升，可见，空气提升受地下水水位埋深的限制。

7.2.2 空气提升的优缺点

空气提升方法已广泛应用于地下水水位埋藏较浅的地浸铀矿山的生产中，它的优点是：

(1) 结构简单，可在腐蚀性介质条件下可靠工作，由于密封性好又没有磨损部件，空气提升可长时间连续工作；

(2) 浸出液中即使含有悬浮物或砂子，也能保持较好的提升效率，对地浸采铀具有特殊的意义；

(3) 能在生产过程中清除过滤器附近地带及过滤器上的砂子或淤塞物；

(4) 用一台空压机可满足多个抽出井提升浸出液的需要；

(5) 对钻孔孔斜要求不高；

(6) 检修方便；

(7) 能远距离调控空压机的压缩空气输出量和气压。

虽然空气提升有上述优点，但它的应用也受到一定的限制，因它存在如下缺点：

(1) 地表需建压缩空气站和输送管路，基建投资大；

(2) 提升 $1m^3$ 液体空气的电能消耗为潜水泵的几倍，成本高；

(3) 井口需安装气液分离装置，会给环境造成污染，有的矿山分离的气体中 $1m^3$ 含 343.13kBq 氡；

(4) 效率低，尤其作业点远离压缩空气站时，效率更低，理论上可达 20%～25%，实际只有 6%～15%；

(5) 需建输送泵站和集液池，以便将浸出液送往处理厂；

(6) 抽液量不稳定，井内动水位监测困难；

(7) 当大型空压机集中供风，群孔抽液与注液时，每个抽出井的风量、压力、气管下入深度的变化都会对钻孔抽液能力产生较大的影响，生产中难以控制与管理。

7.2.3 空气提升应用条件

地浸矿山设计时如何确定浸出液提升方式取决于多种因素，要综合评价。一般来讲，空气提升应主要考虑地下水水位埋深。

当地下水水位太深时，由于井内提升高度增加，水头压力增大，无法将液体提至地表。受空压机额定压力的限制，只有在限定压力大于水头压力的情况下才能实现空气提升。地下水水位埋深大，空气耗量大，耗电高，成本高，提升效率显著下降。因为利用空气提升，首先要将电能转换成压气能，气能转换成液体势能，几经转换功率降低，对于本身效率就不高的空气提升，无疑是雪上加霜。另外，空气提升时压风长距离输送还会造成风压降低，风量损失，这也是空气提升效率低的原因之一。因此，从经济角度出发，当地下水水位埋深大于 30m 时已不再适合空气提升。

世界上使用空气提升浸出液的矿山很多，哈萨克斯坦第六采矿公司开采的铀矿床矿体平均埋深 550m，地下水水位埋深 3~10m，成功地使用空气提升。从该矿床成功的实例可以看出，影响空气提升使用条件的因素是地下水水位埋深，而不是矿体埋深。

7.3 空气提升要素

7.3.1 沉没比

空气提升与几个要素有关，沉没比、风量、风压等。为讨论风管下入深度，引入沉没比 k。气管末端的混合器沉入动水位以下的深度与混合器下入井内的总深度之比值称为沉没比，它是空气提升设计的重要参数之一，它反映了一定水位条件下，气管下入井内的合理位置。

$$k = \frac{h}{H} \quad (7\text{-}3)$$

式中　k——沉没比；

$\quad\quad h$——风管末端距动水位距离，m；

$\quad\quad H$——风管下入井中总深度，m。

空压机正常抽液时，k 理想值为 $0.4 \sim 0.5$，矿山生产实践中为获得最佳沉没比，要将气管下入合适的深度。但由于受空气压缩机额定压力的限制，气管下入深度受到制约，在这种情况下往往达不到最佳沉没比，使得空气提升效率大大降低。表7-1是同一井由于风管下入深度不同引起沉没比的变化。

表 7-1　风管下入深度与沉没比的关系

提升高度 /m	风管下入深度 /m	单孔抽液量 /m³·h⁻¹	电耗 /度·m⁻³	沉没比
47.2	70	1.35	6.30	0.33
50.4	80	2.40	3.54	0.37
51.3	90	2.90	2.96	0.43
55.0	100	5.20	2.03	0.45
60.0	115	4.60	1.84	0.48

从表 7-1 可以看出，随风管下入深度的增加，当沉没比为 0.45 时，单孔抽液量最大。

7.3.2　风量

从上面讨论中我们知道，要使井内液体上升至地表就要有一定的风量，降低气液混合物的密度。知道单位所需风量，就可以算出矿山总需风量。提升 $1m^3$ 液体所需的风量可由下式计算[10]：

$$Q = \frac{h_1}{c \cdot \lg \dfrac{(\alpha - 1)h_1 + 10}{10}} \quad (7\text{-}4)$$

式中　Q——提升 $1m^3$ 液体所需的风量；

h_1——提升高度，m；

c——经验系数，与 α 有关，见表 7-2；

α——H/h_1。

表 7-2　经验系数 c 与 α 的关系

α	4	3.35	2.85	2.5	2.2	2	1.8	1.7	1.55
c	14.3	13.9	13.6	13.1	12.4	11.5	10	9	8

知道单位风量 Q 后，可根据抽出井单井抽液量和个数计算总风量，三者是乘积关系。地浸矿山所需总风量与单位风量成正比，与抽出井抽液量成正比。空压机风量选定时，还要考虑风压损失，所需风量一般取计算值的 1.2 倍。提升高度 50m 左右时，提升 1 个体积液体所需的风量为 20～30m³。

7.3.3　风压

无论是哪种型号的空压机，都标有额定压力，即风压，风压是购置空压机的主要参数。在实际应用中经常谈到的风压有两个，启动风压和正常工作时的风压。有些动力设备通常在启动瞬间所需风压较大，是启动后正常工作的 1.5 倍左右。

对于一些地下水水位埋深较大的矿床，气管按较佳沉没比下入一定深度后，往往因启动风压大于空压机额定压力导致启动困难。为解决这一问题，矿山经多年实践采用开启动孔的办法。启动孔是在距气管末端一定距离处开的小孔。当部分压缩空气进入抽液管进行抽液时，抽液管底端压力不能超过空压机额定压力，抽液受到一定限制。但在抽液管底部开启动孔后，上部未超过空压机额定压力的启动孔首先工作，等于减小了气管下入深度，减小了下部孔的启动压力，使提升成为可能。

经矿山多次试验与比较，在气管末端设置三处启动孔是可行的。启动孔距气管末端的距离分别为 5m、10m、15m，孔直径为 3～4mm。15m 处的启动孔为 1 个，其余两处为 2 个。与未设置启动孔比较，降低了启动风压，见表 7-3。

表7-3 启动孔设置对启动风压的影响

气管下入深度/m		80	90	95	100
启动风压/MPa	有启动孔	0.55	0.66	0.71	0.75
	无启动孔	0.69	0.73	0.78	0.82
工作压力/MPa	有启动孔	0.55	0.65	0.67	0.70
	无启动孔	0.65	0.67	0.72	0.74

从表7-3可以看出，采用启动孔，启动风压明显降低，达到了增加气管下入深度，提高提升能力的目的。

7.3.4 空气提升效率的计算

空气压缩机是利用电能转换成压气能来工作的。利用空压机提升时，空压机又要将压气能转换为液体势能，假如不考虑电能转换成压气能的损失，那么压缩空气通过气液混合器进入抽液管，在进入抽液管入口处的能量即为总能量。能量的一部分作了有用功，使液体上升，另一部分则消耗于气泡与水的相对运动以及管路的摩擦阻力上，空压机的效率即是有用功与总能量之比值[37]。

$$\eta = 1000Qh_1/102N \qquad (7\text{-}5)$$

式中　　η——效率，%；

　　　　Q——单孔抽液量，m^3/h；

　　　　N——空气压缩机功率，kW。

从公式中看出，Qh_1为将一定量液体提升一定高度所做的有用功，而N为压缩机额定总能量。

7.4 空气提升装置的构成

7.4.1 抽液管

如图7-1所示，抽出井中提升浸出液的管路称为抽液管。抽液管是空气提升的必备管路，在抽液管中插入风管。抽液管视实际情况可用套管代替，也可另置入抽液管。抽液管直径大小直接影响井的抽液能力，抽液管直径过小，限制了抽液量，增加了能量损失；抽液管直径过大，抽液产生间断，甚至不能抽出混合液。决定抽液管直径的主要因素是抽液量和所需的气量，而所需的气量取决于提升高度和沉没比。决定抽液管直径的另一因素是混合液在抽液管内的流动速度，它反映了混合液在管内流动时的能量损失。表7-4给出了不同提升高度时液体在管内的流动速度。从表中看出，提升高度越大，液体流速越快。

表7-4 不同提升高度时液体流速

提升高度/m	20	40	60	80	120
液体流速 $V/m \cdot s^{-1}$	1.8	2.7	3.2	3.6	4.0

一般情况下，矿山将套管作为抽液管，而套管直径大小主要依赖于钻孔直径和过滤器直径。大量的地浸实践证明，用套管作为抽液管完全可满足空气提升浸出液的要求。但是，也有一些矿山因地下水水位埋深大，套管直径大等原因，抽液效果不佳，不得不另下入抽液管。如下入抽液管也无法实现可接受的抽液量，那只好改用潜水泵提升。

7.4.2 风管

下入抽液管中输入压风的管路称为风管。风管直径与气压和气量有关，风管中气流流动速度为 $7\sim14m/s$。如果风管过小，气流速度增大，产生的管路损失大，从而导致提升效率低。地浸矿山风管直径一般为 $15\sim40mm$，选定风管直径时还要考虑抽液管直径等因素。

7.4.3 气液混合器

在风管末端带有小孔的装置称为气液混合器，气液混合器的作用是使气体与液体在抽液管内充分混合，气液混合器通常用 1.5m 长的管路制作。由于空气提升效率随地下水水位埋深的增大而降低，在某些矿山，为了提高空气提升的效率，在气管末端加工了气液混合器。实践证明，与未加工气液混合器相比，钻孔抽液量增加了 15%。地浸矿山使用的混合器类似于圆孔过滤器，在圆管上钻多排小孔，孔眼直径 4mm 左右。

7.4.4　气液分离器

分离浸出液中气体和液体的装置称为气液分离器。在讨论空气提升优缺点时，我们知道，空气提升缺点之一是抽出的浸出液中含有气体，需进行气液分离。如在浸出液输送至集液池之前不进行气液分离，会加大输送量，并给抽液量的计量带来困难。因气液分离前管中相当部分为气体，气液混合体会形成脉冲，使液流不稳定。目前，一些采用空气提升的地浸矿山均在抽出井出口处完成气液分离，减少输送量，为抽出液流量自动监控创造条件。

气液分离器安装在抽出井出口处，每井一个。它的种类较多，工作原理是在气液混合体通过时，气体向大气排放，液体沿管路向前流动，达到气液分离目的。

7.5　空气压缩机的种类

7.5.1　活塞式空压机

地浸矿山采用空气提升时都需建空压机站，空压机站由 1 台或多台空压机构成。抽出井所需的压风由空压机站经管路输送至井场再经分配器进入各抽出井。知道矿山总风量后，可根据总风量选定空压机型号及台数。表 7-5 是活塞式空压机性能参数。

表 7-5　活塞式空气压缩机性能

型　号	排气压力 /MPa	风　量 /m³·min⁻¹	功率 /kW	重量 /t	外型尺寸（长×宽×高） /mm
4L-20/8	0.8	20	132	2.4	2340×1165×1930
4L-44/2	0.2	44	132	3.3	3800×1180×2230
4L-44/2.5	0.25	44	160	3.3	3800×1180×2230
4L-44/0.8	0.08	44	75	3.3	3800×1180×2230
4L-50/1	0.1	50	132	3.3	3800×1504×2230

型 号	排气压力 /MPa	风 量 /m³·min⁻¹	功率 /kW	重量 /t	外型尺寸（长×宽×高） /mm
4L-20/12	1.2	20	160	4.0	3140×1235×2190
4L-20/12-I	1.2	20	160	4.5	3140×1235×2190
4LW-20/8	0.8	20	130	3.1	2647×1535×2585
4LW-44/2	0.2	44	130	3.5	2610×1051×2608
4LW-44/2.5	0.25	44	155	3.5	2610×1051×2608
4LW-44/2.5-I	0.25	44	160	3.5	2610×1051×2608
4LW-85/0.7	0.07	85	132	3.5	2410×1051×2310
4LW-15/15	1.5	15	160	4.5	3140×1235×2190
4L-40/3	0.3	40	160	3.3	3800×1634×2230

7.5.2 螺杆式空压机

近些年来推出的螺杆式空气压缩机已受到矿山的欢迎。螺杆式空压机又名蜗杆式空压机，是目前国际上最先进的空压机之一。运转时，由螺杆带动星轮在螺槽内相对移动，螺槽内的气体相应地被压缩和吸入。这种空压机由于星轮在螺杆轴两侧对称配置，作用于螺杆上的气体径向力相互抵消，作用于螺槽的气体轴向力也相互抵消。因此，螺杆不受任何径向或轴向气体的作用，处于完全平衡状态，结构设计合理。运行时，螺杆每转一周，螺槽工作两次，螺槽空间得到充分利用。与其它回转式压缩机相比，结构尺寸相同时排气量较大，节能效果显著。由于蜗杆压缩、排气处于动平衡运转，无脉冲现象，机器振动几乎为零。

因单蜗杆压缩机空气压缩过程无轴向力及径向力推压负荷，轴承寿命可长达 50000h，其耐用程度超过其它类型空压机，维修周期长。另外，螺杆式空压机在空气品质、能源节约、连续运转等各方面都具有高度的可靠性。表 7-6 是螺杆式空压机性能参数。

表 7-6 螺杆式空气压缩机性能

型 号	排气压力/MPa	风量/m³·min⁻¹	功率/kW	重量/t	外型尺寸(长×宽×高)/mm
LU1500-110A	0.7	20.8	110	2.7	2860×1600×2000
LU1500-110AI	0.8	20.6	110	2.7	2860×1600×2000
LU1500-132A	0.7	23.9	132	2.8	2860×1600×2000
LU1500-132AI	0.8	23.7	132	2.8	2860×1600×2000
LU1500-132B	1.0	20.5	132	2.8	2860×1600×2000
LU1500-160A	0.7	26.5	160	2.8	2860×1600×2000
LU1500-160AI	0.8	26.2	160	3.0	2860×1600×2000
LU1500-160B	1.0	23.5	160	3.0	2860×1600×2000
LU1500-160C	1.3	20.0	160	3.0	2860×1600×2000
LU1500-180B	1.0	26.0	180	3.1	2860×1600×2000
LU1500-180C	1.3	23.2	180	3.1	2860×1600×2000

7.6 潜水泵提升特点及性能

7.6.1 潜水泵提升特点

地浸矿山抽出井使用的潜水泵由两大部分组成，泵体和电机。泵体中主要工作部分是叶轮，叶轮固定在轴上，电机通过联轴器带动叶轮转动。叶轮转动时，在出口处产生推液正压力，在尾部产生负压，迫使水流不断地进入泵体，在叶轮推动下经抽液管提升至地表。

潜水泵提升是通过安装在抽出井中的潜水泵将浸出液抽至地表的溶液提升方法。该法由于具有以下一些优点，已广泛应用于地浸采铀试验与生产中。

（1）地下水水位埋深较大时，能将溶液抽至地表，液流稳定、易监测；

（2）可直接将浸出液从抽出井输送到浸出液处理厂，不需要辅助泵站；

(3) 运行费用低；

(4) 抽液量大，可增大钻孔间距，降低井场单位面积孔数，降低钻孔施工费用；

(5) 效率高。

尽管潜水泵提升具有较好的适用性，但也存在一些不足之处，主要有：

(1) 钻孔偏斜不能太大(<2%)；

(2) 井中溶液含砂量不能太高；

(3) 需专业维修人员，检修频繁；

(4) 使用寿命短；

(5) 对密封、绝缘和防腐要求较高。

目前，地浸矿山潜水泵提升完全可满足地下水埋深的条件，生产的101.6mm(4in)和152.4mm(6in)潜水泵扬程可达300m以上。因此，在地下水水位较深的地浸矿山均采用潜水泵提升浸出液。潜水泵用电能驱动，工作时将电能转换成液体势能，与空气提升相比省去了能量多次转换过程，因此效率高。一般来讲，潜水泵提升效率可达40%~50%。由于效率高、耗电省、运行成本低、同等条件下潜水泵提升1m³液体耗电仅是空气提升的几分之一。表7-7是地浸矿山实测数据[37]。再则，利用潜水泵可直接将浸出液送入水冶厂，免去中转泵站和储池的基建工程。

表7-7　潜水泵提升与空气提升技术经济比较

序号	项　　目	单位	技　术　参　数	
			空　气　提　升	潜水泵提升
1	提升效率	%	5~8	45~57
2	单孔抽液量	m³/h	2.89	6.4
3	抽1m³溶液耗气	m³/m³	25.4	
4	抽1m³溶液耗电	度/m³	3.1	0.34
5	抽1m³溶液耗机油	kg/m³	0.01	

与潜水泵上述优点对比，它的不足之处是要经常维修，一般3个月左右就要由专门技术人员检修1次，检修时主要检查其抽液量和扬程。另外，潜水泵的叶轮、橡胶圈、轴承等部件为易损件，要经常更换。经验告诉我们，300个抽出井的井场要配7～8人专门更换易损零件，正常情况下，一年维修4次，300个井要修1200次。随潜水泵扬程的增加，叶轮级数增加，泵体加长，200m扬程的俄罗斯潜水泵长达3m。因此，使用潜水泵提升时要严格控制钻孔偏斜，偏斜太大的钻孔会给如此长的潜水泵下入造成困难。潜水泵是易磨损的设备，特别是溶液中含砂量超过一定数值时磨损加剧。因此，在使用潜水泵提升时一定要考虑含砂量的要求。对潜水泵的磨损有两方面的原因，一是溶液中含砂量，二是潜水泵下放深度。如潜水泵下放位置太靠近过滤器，那因潜水泵工作时产生的负压会将细砂吸入潜水泵，造成磨损。因此，在使用潜水泵提升时一定要对下放深度斟酌，因它还会影响井的抽液量，要综合考虑。潜水泵的使用寿命一般为1～3年，所以设计采用潜水泵提升的地浸矿山，潜水泵的备用量较大。潜水泵的腐蚀也是地浸采铀中棘手的问题之一，特别是当溶液中氯根含量较高时更为严重。

7.6.2　潜水泵工作环境

使用潜水泵提升时应特别注意浸出液中的砂颗粒大小和含量，这是影响潜水泵使用寿命的致命因素。当然，酸、碱，特别是氯对潜水泵的腐蚀也不可忽视。为延长潜水泵使用寿命，对液体中固体颗粒和化学物质成分要求如下：

（1）提升介质温度低于40℃（不同类型泵要求不一样，一般为低于30℃）；

（2）pH＝2～10；

（3）固体颗粒最大粒度不大于0.1mm，含砂量＜100mg/L（101.6mm(4in)潜水泵）、＜200mg/L(152.4m(6in)潜水泵)。

7.6.3　潜水泵性能

由于地浸矿山浸出液呈酸性或碱性，具有较强腐蚀性，因此，所用的潜水泵为不锈钢潜水泵。各国生产的不锈钢潜水泵型号、性能等参数不一样，选择时需斟酌。表 7-8 为俄罗斯产152.4mm(6in)不锈钢潜水泵的技术性能，这种潜水泵的工作寿命为 6000～13000h。表 7-9 为力源系列不锈钢潜水泵特性。

表 7-8　俄罗斯不锈钢潜水泵技术参数表

型号 参数名称	ПЭН6-10-160	ПЭН6-8-250	ПЭН6-12.5-225	ПЭН6-25-90
流量/m³·h⁻¹	10	8	12.5	25
扬程/m	160	250	225	90
效率/%	35	37	41	41
转速/r·min⁻¹	2850	2850	2850	2850
电动机功率/kW	16	16	16	16
电压/V	380	380	380	380
电流/A	32	38	38	38
频率/Hz	50	50	50	50
泵外径/mm	145	145	145	145
长度/mm	2570	2910	2830	2475
重量/kg	150	165	163	148

表 7-9　力源系列不锈钢潜水泵规格与性能

型号	电机功率 /kW	流量/m³·h⁻¹/扬程/m			泵外径 /mm	出水管直径 /mm
100QJ3-134/26	2.2	2/160	3/134	4/95	96	40
100QJ3-165/32	3	2/200	3/165	4/116	96	40
100QJ3-227/44	4	2/270	3/227	4/160	96	40
100QJ4-180/40	4	3/200	4/180	5/130	96	40
100QJ4-250/55	5.5	3/275	4/250	5/180	96	40
100QJ4-340/75	7.5	3/375	4/340	5/240	96	40
100QJ6-130/34	4	4/180	6/130	7/81	96	40

型　号	电机功率 /kW	流量/m³·h⁻¹/扬程/m			泵外径 /mm	出水管直径 /mm
100QJ6-166/42	5.5	4/225	6/166	7/90	96	40
100QJ6-220/56	7.5	4/300	6/220	7/120	96	40
100QJ8-104/20	4	6/114	8/104	10/80	96	50
100QJ8-115/23	5.5	6/128	8/115	10/100	96	50
100QJ8-145/28	7.5	6/160	8/145	10/120	96	50
100QJ10-108/22	5.5	8/125	10/108	14/57	96	50
100QJ10-130/27	7.5	8/151	10/130	14/72	96	50
150QJ25-105/18	11	20/120	25/105	30/70	145	65
150QJ25-125/22	13	20/145	25/125	30/84	145	65
150QJ25-155/26	15	20/165	25/155	30/100	145	65

7.7　潜水泵提升要素

7.7.1　潜水泵下入深度

潜水泵下入井中深度一直是值得研究的问题，下入浅担心抽水时动水位降至泵以下，下入深提升扬程高，压力大，只有找到合适的深度才能保证获得最佳的流量。按照潜水泵安装要求，泵体只须下放至动水位以下 1m 处。但是，在设计泵的下放深度时，必须考虑钻井内动水位在生产过程中的波动，另外，还要考虑井动水位不同时的统一互换性及提升性能。因此，在实际生产中泵的下放深度往往留有一定余地。

乌兹别克斯坦的经验是将泵下放至离过滤器上端 3～5m 处，从理论上来讲，这一经验绝不可能适用于任何地下水埋深的井。潜水泵稳定流量受两个主要因素的影响，一是提升水柱压力，二是管路阻力损失。这两个因素都影响着潜水泵的工作状态，其联合作用才真正反映潜水泵的提升能力。

格兰富 152.4mm(6in)潜水泵自身重达 170kg，这还未考虑升液管的重量，如此重的潜水泵下放与提升是较麻烦的事。在作者参加的两次地浸试验中，因没有潜水泵下放与提升设备，在提放时除使用绞车外还要有 30 人拉动，费时费力。目前，世界使用潜水泵提升浸出液的地浸矿山有专门的潜水泵提放车，车上装有直径约 3m 的圆盘，抽液管缠绕在圆盘上，利用卷扬机完成下放与提升。该设备最大抽液管直径达 70mm，最大安装深度300m 左右，最大起重能力 500kg。

7.7.2 管路水力损失

提升管路水力损失包括潜水泵泵体上部逆止阀、井内抽液管路和地表管路水力损失。管路水力损失可用每 100m 的压力损失数表示。100m 管路损失与钻孔抽液量、管径的关系列于表7-10。

表 7-10　100m 管路水力损失与钻孔抽液量、管径的关系

抽液量/m³·h⁻¹	管　　径/mm			
	32	40	50	63
1.5	3.5	1.4	0.43	0.17
1.8	4.6	1.9	0.57	0.22
2.1	6.0	2.0	0.70	0.27
2.4	7.5	3.3	0.93	0.35
3.0	11.0	4.8	1.40	0.50
3.6	15.0	6.5	1.90	0.70
4.2	18.0	8.0	2.50	0.83
4.8	25.0	10.5	3.00	1.20
5.4	30.0	12.0	3.50	1.30
6.0	39.0	16.0	4.60	1.80
7.5	50.0	24.0	6.6	2.50

为了快速查阅水力损失的实际值，可以将每 100m 水力损失绘制成光滑的曲线，如图 7-2[37]所示。图中曲线 1 管径 63mm，曲线 2 管径 50mm，曲线 3 管径 40mm，曲线 4 管径 32mm。地

浸矿山通用的抽液管材质有不锈钢管、PVC管、PE管、HDPE管和其它类似材质。不锈钢价格昂贵、成本高，但强度高、水力损失小。塑料管的价格便宜，但强度低，管材容易破裂、漏水。使用不锈钢管，无论是悬吊潜水泵的重量，还是承受水柱的内外压力都是可靠的，软PVC、PE管在提升高度不超过20m时可以使用，硬PVC管在提升高度不超过120m时可以使用。

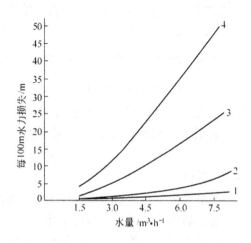

图7-2　水力损失曲线

7.7.3　提升高度

潜水泵稳定工作后，地下水动水位至地表出水口的高度称为提升高度。提升高度与潜水泵下放的深度无关，只要潜水泵安装在动水位以下，就能正常工作。

图7-3所示是厂家提供的SP5A-25型潜水泵工作性能图。潜水泵厂家提供的扬程和流量的关系是在无管路损失的条件下测得的。

工作特性曲线表明，潜水泵在某一提升高度时的流量是恒定的，决定潜水泵稳定流量的因素只有提升高度。地浸矿山采用潜水泵提升时，扬程的选择以动水位为基础。当以提升高度为指标选择潜水泵时，要留有一定余地，尽管当提升高度小时，潜水泵

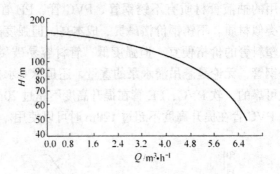

图 7-3　SP5A-25 型潜水泵工作性能图

的效率未达到最高值，但可以保证有足够的扬程缓冲量。经多年的地浸采铀实践得出，当铀矿床地下水水位埋深超过 150m 时，溶液提升费用显著增加，采用地浸方法开采是否合适要综合分析。

7.7.4　流量与扬程

每种类型的潜水泵都有固定的工作特性曲线。而地浸矿山在设计中必须提出每个抽出井需要达到的最小抽液量，当然最小抽液量的确立与地层条件密切相关。任何一种型号的潜水泵的流量与扬程都成反比关系，尽管每种泵的特性互有差异。选定潜水泵时，厂家标的流量与给定的扬程一致，扬程实际上是潜水泵效率最高时所能达到的扬水高度，是生产厂家经测试而获得的流量——提升高度配合最佳点，在购置与使用中要根据矿山具体情况选择。

从图 7-3 看出，扬程越大，流量越小，此图反映了潜水泵流量与扬程间的基本规律。在泵实际运行中，扬程和流量在一定范围内存在着相互制约的关系。当水位降深小时，提升压力小，流量大。潜水泵抽液量过大时，如果钻孔下部含水层供水不足，水位降深迅速增大，从而导致提升压力迅速增大，迫使流量快速下降。当潜水泵的流量指标选择过大，而钻孔固有的供水能力小时，有可能水位会迅速下降至潜水泵的入水口处，使泵处于缺水状态。当泵的流量指标选择过小时，地下水水位降深则很小，没有充分发挥井的作用，只有当泵的流量指标与井的涌水能力相同或相近时，才能使泵在良好状态下工作。

7.7.5 提升总效率

潜水泵提升效率由两个部分组成，即潜水泵工作效率和提升过程效率。

潜水泵工作效率是潜水泵制造带来的固有特性，在正常工作环境下潜水泵工作效率为潜水泵制造厂家所测得的额定值。它反映了潜水泵电能转换为液体势能的效率，同时也包含潜水泵内在的水力损失。工作效率随提升高度变化而变化。厂家标列的潜水泵最大提升高度，是指它的效率此时达到最大值。图 7-4 列出 SP5A-25 型潜水泵的功率和效率曲线。

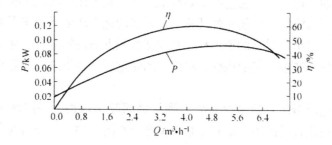

图 7-4　潜水泵的功率和效率曲线图

图中，P 表示在不同流量时泵的每一级叶轮实际转速下输入功率，η 表示泵的工作效率。

潜水泵提升溶液过程中，由于流量呈稳定流动，孔口为敞开状态，其所作的功消耗在液体势能增加和管路损失上。一般情况下，提升过程效率在 90%～95%之间。潜水泵提升总效率为潜水泵工作效率与提升过程效率之乘积。在潜水泵正常工作条件下，其提升总效率在 40%～50%之间。

从图 7-4 中看出，此种类型的潜水泵在抽液量为 4.5m³/h 时效率最高，功率最大。

8 浸出剂的种类与选择

8.1 浸出剂的作用及浓度

8.1.1 溶解铀矿物

从注入井注入矿层把铀溶解到溶液中的试剂称为浸出剂。地浸采铀过程中，必须将一种或几种化学试剂注入矿层，将铀溶解进入溶液中，在水动力学作用下由抽出井抽出含铀溶液。为维持生产的持续进行，地浸矿山在生产期间需不间断地向矿层内注入浸出剂，这是井场工艺的主要环节。砂岩铀矿床中的铀矿物是铀在地下水流动中经长年的迁移，在适当的化学环境下沉积下来形成的。浸出是成矿的逆过程，是要把沉积下来的铀溶解。地浸采铀正是创造铀溶解的条件，将沉积的铀重新溶解下来，随溶液抽出。

地浸最理想的情况是矿石颗粒之间胶结疏松，浸出剂可渗过。在这种情况下，矿石颗粒就完全浸在溶液中，与浸出剂充分接触。

8.1.2 浸出剂浓度对浸出的影响

质量作用定律的基本含义是"一个化学反应的驱动力与反应物及生成物的浓度有关"，假定反应物 A 和 B 反应，产生生成物 C 和 D，其反应式可表示为：

$$a\mathrm{A} + b\mathrm{B} \Longleftrightarrow c\mathrm{C} + d\mathrm{D} \tag{8-1}$$

式中，a、b、c、d 为 A、B、C、D 的摩尔数，关系如下：

$$K = \frac{[\mathrm{C}]^c [\mathrm{D}]^d}{[\mathrm{A}]^a [\mathrm{B}]^b} \tag{8-2}$$

式中，K 为平衡常数，方括弧表示有效浓度。地下水与矿物反应时，其反应可能向右进行，产生溶解，也可能向左进行，产生沉淀，直到达到平衡为止。

地浸采铀中铀的浸出遵循质量作用定律这一基本规律，浸出剂的浓度影响浸出反应速度。从大量的实验室试验和生产实践中得知，在一定条件下，浸出剂浓度高，浸出液中铀含量也高，浸出时间短，这是浸出剂浓度对浸出影响的一般规律[38]。从本章第 8 节表 8-8 中巴基斯坦地浸采铀室内搅拌浸出试验看出，对于 $(NH_4)_2CO_3$，浓度越高，达到同样峰值的浸出率所需时间越短，或者说同样时间内浸出率越高。

虽然浸出剂浓度高会加快浸出速率，缩短浸出时间，但也不能过度提高浸出剂浓度，否则，会造成浸出剂浪费，加大它与围岩的反应，增大浸出液中杂质，有时还会堵塞矿层孔隙，降低渗透性。而且，如酸浓度过高，浸出液余酸高，处理时还需加碱调整，造成不必要的麻烦。使用硫酸作浸出剂时，浓度太高会使浸出效果走向反面。因此，用硫酸作浸出剂的浸出，浓度不应超过 50g/L。

8.1.3 浸出过程中矿层孔隙堵塞形式

8.1.3.1 气体堵塞

地浸过程中，伴随浸出剂的注入，总会产生气体堵塞、化学堵塞和机械堵塞。据独联体国家经验，当气体占据矿层孔隙 50% 时，渗透性降低 15%，当气体占据矿层孔隙达 75% 时，渗透性完全消失，只有气体在孔隙中流动。气堵是临时性的，由化学反应产生的气体可随抽出液逸出地表。硫酸浸出剂注入矿层后会产生 CO_2 气体，CO_2 溶解度随硫酸浓度增大和温度增高而减小，随压力增加而增大。由气堵引起的矿层渗透性降低可以恢复，但只能恢复到初始的 85% 左右，当矿石中 $CaCO_3$ 含量小于 0.2% 或 H_2SO_4 浓度小于 2g/L 时，在常压下不会产生自由移动的气体。另外，当压力超过 0.9MPa 时，硫酸与碳酸盐反应也不会产生自由气体。

8.1.3.2 化学堵塞

硫酸浸出过程中，矿石中若含有一定量的铁和铝对浸出也有一定影响，特别是影响矿层渗透性的变化。在浸出初始阶段，会产生铁与铝的氢氧化物絮状物，堵塞矿层孔隙，降低渗透性。但随浸出进行，矿层中 pH 值不断下降，所产生的絮状物会随着溶解，矿层渗透性恢复。在 pH<6 时，2 价铁的氢氧化物溶解；在 pH<4 时，氢氧化铝溶解；在 pH<3 时，3 价铁氢氧化物溶解。有些浸出，在抽出井附近会因氢氧化物沉积而堵塞，这是由于矿层中铁含量过高或抽出井与注入井间距过大造成的。发生这种情况时，可用 H_2SO_4 洗井。铁与铝的氢氧化物的堵塞随在溶液中的含量增大和酸浓度降低而加剧。当堵塞发展到抽出井周围时，矿层渗透性降至最低。随后渗透性逐渐恢复，可达初始值的 1~1.5 倍，恢复的时间要比降低的时间长 2~4 倍。

浸出时，当 pH 值 2~5 时，矿层中易产生化学堵塞；当 pH 值为 1.15~1.4 时，长石也会部分溶解产生硅胶，而且反应是不可逆的。含碳酸盐的矿石酸性浸出中，矿层孔隙堵塞程度随 $CaCO_3$ 含量和 H_2SO_4 浓度升高而加剧。硫酸钙（石膏）的堵塞不但是永久性的，同时还会使井场内溶液向外扩散。

8.1.3.3 机械堵塞

机械堵塞产生的主要原因有两个，一是注入浸出剂后破坏原始地下水流场，加大水力压差和流动速度。在这种水动力作用下，冲蚀一些颗粒，使它们随浸出剂的流动而迁移，流向抽出井，并在附近沉积下来。这将造成抽出井附近渗透性下降，严重时会将地下岩层孔隙通道完全堵死。另一种产生机械堵塞的原因是随浸出剂注入的固体颗粒，当注入试剂的固体颗粒超过 15mg/L 时，就会引起矿层孔隙堵塞。为防止此类机械堵塞的发生，一些地浸矿山将抽出的浸出液在进入铀回收工艺之前先进行过滤，除去液体中的固体颗粒。这里所谈的固体颗粒主要指悬浮物，可通过砂滤、澄清等办法将其去掉，美国、澳大利亚介绍的地浸矿山工艺流程中就包括这一工序。机械堵塞物也可为敞开式配液池风带来的沙土、吸附工序带来的树脂等。

上面讨论了 3 种主要堵塞矿层孔隙和降低渗透性的原因。在地浸生产中还有其它方面的原因也会引起矿层堵塞，如化学反应中的离子交换作用等。

总结上面讨论得出，气堵、氢氧化铝和氢氧化铁的堵塞均是可以恢复的堵塞，后者还会使渗透性增大，超过初始值；硫酸钙和机械堵塞是永久性的，且随时间延长，渗透性恶化加剧。

8.2 浸出剂的选择条件

8.2.1 浸出剂的选择性

地浸矿山井场土建、设备和浸出液处理厂建设属一次性投资，相比之下浸出剂是矿山服务年限内天天消耗的原料（浸出结束阶段可停止配制浸出剂），其次为氧化剂。浸出剂的使用决定着浸出的类型，是酸浸、碱浸还是中性浸出。而且，浸出剂的选择还决定着矿山经济效益的好坏、资源回收率的高低、地下水治理的难易程度等。

地浸铀矿山注入浸出剂的目的是将目标金属——铀浸出来，保证矿山的正常生产。当然，在浸出铀的同时还对浸出剂有一系列要求。我们在对矿山的矿石成分评价时，希望不溶矿物和难溶矿物越多越好，可溶物质越少越好，这可保证浸出剂主要消耗在溶解铀上，而不是溶解其它非铀矿物。表 8-1 是某铀矿床矿石矿物含量。从表中看出，该矿石在硫酸溶液中不溶矿物和难溶矿物占 99.74%，是比较理想的，它说明对于此种矿石如用硫酸作为浸出剂是可行的。在浸出过程中，仅有 0.27% 的可溶矿物可能被浸出来，对浸出剂消耗影响不大。

8.2.2 金属浸出率的高低

地浸矿山保证产量的主要因素有两个，浸出液中铀含量和钻孔抽液量。要维持矿山长时间生产，一是有一定储量规模，二是

表 8-1　矿石中不同溶解程度的矿物含量

溶 解 状 态	矿 物	含 量/%
不 溶 矿 物	石英	64.94
	副矿物	0.08
	石英岩、酸性喷出岩、燧石碎屑	5.10
	小计	70.12
难 溶 矿 物	在沸石-硅质和硅质胶结物中的共生物碎屑	12.00
	长石	5.62
	云母	0.11
	水云母	1.10
	高岭石	9.88
	有机物	0.41
	小计	29.62
可 溶 矿 物	铀矿物	0.26
	硫化铁	0.01
	小计	0.27
合　　　　计		100.01

有较高的资源回收率，而资源回收率的高低又与铀浸出率直接相关。浸出剂是决定浸出率高低的主要因素之一，是浸出剂选择的关键因素。一般来讲，有利于地浸的矿石，酸法浸出实验室试验浸出率应在 90% 以上，碱法浸出应在 80% 以上。选择的浸出剂即使可用于矿石浸出，但太低的浸出率也是不可取的，它将直接影响矿山经济效益和资源回收率。

8.2.3　浸出剂消耗及对渗透性的影响

浸出剂耗量直接影响产品成本，因此它也是浸出剂选择的主要指标之一。地浸矿床中矿石的矿物成分和化学成分因矿床各异，浸出剂的选择与使用也随之变化。通常，矿石中碳酸钙含量超过 3% 时，使用酸法浸出试剂消耗量非常大，已无法经济开采；对于碱法浸出，当硫化物含量超过 2% 时，因浸出剂耗量过大也无法经济开采。从经验得出，一般情况下，地浸采铀时，如浸出剂消耗不大于 2%（小于 50t/t 金属）则是有利可图的。从理论计算和生产实践中知道，从 6 价铀中提取 1kg 铀仅消耗硫酸浸出剂 0.4kg。鉴于这一点，如不考虑硫酸与其它物质反应，浸出一定量的铀所耗的酸是定值，与硫酸浓度无关。但实际生产中提取 1kg 铀却要几十千克硫酸，主要消耗在非铀矿物上。铀矿石中耗酸矿物有石灰岩、白云岩等。

浸出剂的选择与矿石组分有很大关系，有些矿床由于浸出剂选择或使用不当在浸出过程中恶化矿层渗透性，最常见的实例是当矿石中碳酸盐含量过高时，由于注入浸出剂而生成 $CaSO_4$、$CaCO_3$ 沉淀，堵塞矿层中孔隙，降低渗透性，轻则减少抽液量与注液量，重则使生产难以维持。巴基斯坦 Qubul Khel 地浸矿山初期因使用 $Na_2CO_3 + NaHCO_3$ 浸出剂，$CaCO_3$ 结垢严重，不得不 1 个月用 HCl 洗井 1 次。在浸出剂选择时要分析矿石中矿物成分和化学成分，使用时控制浸出剂浓度，防止浸出过程中产生化学堵塞。化学沉淀物不仅降低矿层渗透性，而且还会沉积在管路、仪表、设备中，造成设备腐蚀，致使频繁地维修和更换，增大生产成本。

8.2.4 对环境及设备的影响

地浸采铀有许多常规采铀无法比拟的优点，但它也存在不足之处，污染地下水，这对于环境保护日益受各国政府和人民重视的今天必须慎重对待。地下水的污染主要是由于注入的浸出剂造成的，因此，选择的浸出剂对地下水的污染应越轻越好，处理越容易越好。从这一点出发，碱法浸出较酸法更有优越性，中性浸出就更为可取。美国地浸矿山最初大半采用铵盐作浸出剂，但后来人们发现铵盐对地下水污染严重，采用铵盐浸出剂的地浸矿山在退役后地下水治理时无法达到政府规定的 NH_4^+ 限值，因此，后来的地浸矿山已不再使用铵盐浸出剂。

无论是酸性还是碱性化学物品都具有腐蚀性。在地浸矿山生产时，由于浸出时间一般要几年，有的甚至 10 年以上，这就要求矿山的设备、仪器、管路等的使用寿命至少能同采区回采时间一样长。设备、仪器的使用寿命一方面取决于正常磨损，但另一方面也受化学物品的腐蚀影响，如果浸出剂选择不当，会产生严重的腐蚀，寿命缩短。化学品对设备、仪器的腐蚀可能来源于注入的化学试剂，也可能来源于注入的化学试剂与矿层或地下水反应生成物。从这一点出发，有些试剂虽对铀浸出有较好的效果，但因腐蚀性太强而无法选用。

8.2.5　货源与价格

由于浸出剂是井场工艺中日常消耗的主要原料，所以在选择时一定要考虑价格的合理性，货源的广泛性以及如何安全运输。巴基斯坦 Qubul Khel 地浸矿山在条件试验时曾建议用 $(NH_4)_2CO_3$ 作浸出剂，可在当地找不到货源，最终只好改成 $Na_2CO_3 + NaHCO_3$ 和 $NaHCO_3$。可见货源也是制约浸出剂选择的因素之一。另外，从降低矿山成本出发，在选择浸出剂时，必须考虑价格。对于酸法浸出，目前生产矿山均用硫酸，这并不是说其它酸不能浸出铀，而价格太高是影响它们使用的主要因素。

8.3　酸性浸出剂的种类及特点

8.3.1　硫酸(H_2SO_4)

8.3.1.1　铀的酸法浸出机理

酸性试剂作为浸出剂的地浸过程称为酸法浸出，也称酸浸。目前，工业生产用的酸性浸出剂为硫酸。硫酸之所以能被广泛用作地浸浸出剂是由于它的特性所决定。硫酸浸出时，随着地下水在水力梯度作用下的运移，改变矿层的地球化学环境，使 pH 值变化。金属元素，特别是铀随 pH 值的变化从沉淀态变为溶解态，生成硫酸铀酰。酸法地浸采铀正是利用铀与酸发生化学反应的特性，将铀溶解在酸中。但是，硫酸主要浸出矿石中的 6 价铀，因 4 价铀在稀硫酸溶液中的溶解速度大大低于 6 价铀的溶解速度。因此，要将矿石中 4 价铀浸出来必须将其变为 6 价，这也是为什么酸法浸出常常要加氧化剂的原因。硫酸与 6 价铀的化学反应如下：

$$UO_3 + 2H^+ \rightarrow UO_2^{2+} + H_2O$$

$$UO_2^{2+} + SO_4^{2-} \rightarrow UO_2SO_4$$

$$UO_2SO_4 + SO_4^{2-} \rightarrow [UO_2(SO_4)_2]^{2-}$$

$$[UO_2(SO_4)_2]^{2-} + SO_4^{2-} \rightarrow [UO_2(SO_4)_3]^{4-}$$

8.3.1.2 硫酸浸出剂的优缺点

硫酸作为地浸浸出剂已普遍使用，这种浸出剂的最大优点是：

(1) 浸出率高，一般比碱性浸出剂高 10% 左右；

(2) 浸出时间短，浸出液铀浓度高；

(3) 价格便宜；

(4) 与铀反应生成的硫酸铀酰可用阴离子交换树脂吸附，处理方便；

(5) 能为过氧化氢、3 价铁氧化剂提供良好的氧化环境；

(6) 货源广泛，使用方便。

硫酸作为一种强酸有较强的侵蚀性，因此在与铀矿石接触时能有效地将铀溶解下来，浸出率较高。有些矿山在酸法、碱法都可应用的情况下选择酸法浸出，浸出率高是主要原因，对资源缺乏的国家和矿山更是如此。一般来讲，同种矿石酸法浸出浸出率比碱法高出 10% 左右。图 8-1 和图 8-2 所示是同一种矿石柱浸试验结果。图 8-1 显示，金属浸出率 H_2SO_4 比 NH_4HCO_3 高 10% 左右；而从图 8-2 看出，22 天后 HCl 和 $NaHCO_3$ 浸出率相差 20% 以上。可见，同一种矿石不同酸与碱的浸出性能也不同。

价格便宜增加了硫酸作为浸出剂的诱惑力，与盐酸、硝酸相比，它有较大的优势。铀与硫酸反应生成的硫酸铀酰有一套成熟的离子交换、淋洗、沉淀处理方法，这套方法已大量用于常规矿山的水冶厂，积累了丰富的经验。这套铀溶液处理工艺完全适合于地浸矿山浸出液的处理。理论和实践证明，常用的过氧化氢、3 价铁氧化剂在酸性条件下氧化效果较好，为氧化剂的使用提供

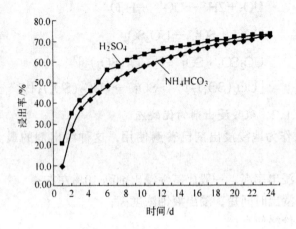

图 8-1 H₂SO₄ 和 NH₄HCO₃ 浸出效果比较

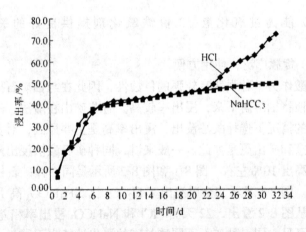

图 8-2 HCl 和 NaHCO₃ 浸出效果比较

了条件。特别是硫酸为最普通的工业用酸之一，货源广，普通工人具备硫酸的使用知识。

硫酸浸出剂在具备上述优点的同时也存在一些缺点：

（1）溶解铀的同时溶解其它一些脉石矿物，选择性差，浸出液成分较复杂；

(2) 地下水治理困难；

(3) 对设备、仪器、管路有一定腐蚀作用。

8.3.1.3 硫酸浸出剂的浸出行为

对硫酸浸出剂的选择性人们的看法也不同，一方面它溶解脉石矿物，耗量大，给地下水治理带来困难，并且在溶解脉石矿物的同时产生径流，使浸出剂在径流中流动而不去溶解铀；另一方面，正因为硫酸溶解脉石矿物，才将铀暴露出来与浸出剂大面积接触，浸出率高。在硫酸与矿物的反应过程中还会生成一些影响浸出正常进行的反应物，如脉石矿物碳酸钙和碳酸镁与硫酸反应就会生成 CO_2 气体、硫酸镁、硫酸钙，引起气堵和化学堵塞，降低渗透性，其反应式如下：

$$Fe_2O_3 + 3H_2SO_4 \rightarrow Fe_2(SO_4)_3 + 3H_2O$$

$$FeO + H_2SO_4 \rightarrow FeSO_4 + H_2O$$

$$Al_2O_3 + 3H_2SO_4 \rightarrow Al_2(SO_4)_3 + 3H_2O$$

$$CaCO_3 + H_2SO_4 \rightarrow CaSO_4 + CO_2 \uparrow + H_2O$$

$$MgCO_3 + H_2SO_4 \rightarrow MgSO_4 + CO_2 \uparrow + H_2O$$

$$Ca_3(PO_4)_2 + 3H_2SO_4 \rightarrow 3CaSO_4 + 2H_3PO_4$$

在碳酸盐中，$CaCO_3$ 与硫酸反应最强烈，其余碳酸盐与硫酸反应较弱。$MgSO_4$ 的可溶性有时非常之高，可达到完全溶解状态。而硫酸钙在水中的溶解度为 $2g/L$，当矿层中碳酸钙含量高时，将产生永久性沉淀。这也是为什么矿石中碳酸钙大于 3% 或 CO_2 含量大于 2% 时，已不适宜酸法浸出的原因之一。另外，用 H_2SO_4 浸出时，地下水的矿化度不能太高，最好低于 $5g/L$。矿化度增大的不利因素之一是地下水密度和黏度增大，而且黏度增大更快。由达西定律可知，这将导致液流量减小。

$$Q = \frac{FC\gamma}{\mu} \cdot \frac{\Delta H}{\Delta L} \tag{8-3}$$

式中 Q——液流量，m^3/h；

F——横断面面积，m^2；

C——渗透率；

γ——液体密度；

μ——液体黏度；

ΔH——在 ΔL 长度上的压降，m；

ΔL——长度，m。

此式中的 $\dfrac{C\gamma}{\mu}$ 即为渗透系数，单位为 m/d。

硫酸浸出剂能溶解钍和重金属，并且一些元素在浸出液循环过程中积累造成严重的地下水污染。例如：采用 NaCl 和硝酸盐淋洗时，SO_4^{2-} 在浸出过程中积累的同时，也产生 Cl^- 和 NO_3^- 的积累，使树脂吸附能力下降。美国曾对酸浸后的 $29km^2$ 的区域进行地下水治理，该工程由美国怀俄明洛基山能源公司(Wyoming Rocky Mountain Energy Company)实施。试验是成功的，只是需要的孔隙体积数大。他们认为，就地下水治理而论，硫酸浸出剂比钠盐浸出剂难，而比铵盐浸出剂容易。

8.3.2 盐酸(HCl)

除硫酸外，可作为浸出剂的还有其它类酸，如盐酸、硝酸、氢氟酸。

盐酸也可作为浸出剂，特别是当矿石中含大量黏土和碳物质时，盐酸浸出剂更为有效。用盐酸作浸出剂的最大优点是盐酸与碳酸盐相互作用不生成石膏，不会造成矿层孔隙的永久堵塞。盐酸的不足之处是对地下水污染的治理难以满足要求，与 $RaCO_3$ 和 $RaSO_4$ 相比 $RaCl_2$ 的溶解性较大，易溶于水中。美国环境保护署(EPA)规定饮用水中氯化物的含量要低于 250mg/L，这基本堵死了用盐酸作浸出剂的路。另一条阻碍盐酸成为地浸采铀浸出剂的原因是盐酸的价格和腐蚀性。盐酸价格比硫酸高，而且氯对仪器设备和管路有较强腐蚀性，大大缩短了设备的使用寿命，增加地浸矿山的运行成本和劳动负荷。另外，采用盐酸作浸出剂在浸出液回收工艺上也存在较大的困难。

盐酸虽然在工业生产中仍未作为浸出剂,但在试验中却不乏使用实例。

8.3.3 硝酸(HNO₃)

在矿层中含碳酸盐时,用硝酸浸出产生硝酸钙,它能溶于水,不会堵塞矿层。但由于硝酸价格昂贵、选择性差,分解产物硝酸根离子迁移距离远,对环境造成污染,因而未得到工业应用。况且与 $RaCO_3$ 和 $RaSO_4$ 比较起来, $Ra(NO_3)_2$ 的可溶性大,易污染地下水。美国环境保护署(EPA)饮用水中氮的含量标准为小于 $10mg/L$,这相当于 $44mg/L$ 的硝酸盐,这种苛刻的要求使得硝酸作为地浸采铀浸出剂的可能性较小。另外,铀在硝酸溶液中以硝酸铀酰形式存在,硝酸铀酰不适合下一工序采用的阴离子交换树脂吸附铀的过程,不能和铀形成阴离子络合物。

据报道,用硝酸作浸出剂曾作过现场试验,试验中采用 $10g/L$ HNO₃,加入 $1g/L$ NaClO₃ 和 $10mg/L$ 的絮凝剂。该矿床设计抽出井与注入井间距为 $9.6m$,经 30 天的浸出后,日平均产铀量为 $188kg$ 。浸出中,加入多丙烯酸盐絮凝剂的目的是为保证矿层的渗透性。

8.4 酸性浸出剂的使用

8.4.1 超前酸化

在使用硫酸作浸出剂时,对矿层的酸化方法主要有两种,超前酸化法和直接酸化法。

超前酸化法是在矿床成井工作完成后,为在浸出初期获得较高的铀浓度,在井场进入正常生产前预先将配制好的浸出剂注入矿层。在注入过程中,无论是注入井还是抽出井均可作为注入浸出剂的通道,在此阶段矿层只注不抽。注入的浸出剂将矿层孔隙中的水挤开,使矿层快速酸化。这种预先向矿层注入浸出剂的方法称为超前酸化。采用超前酸化的方法可缩短井场开采周期,提高初期浸出液的铀浓度。超前酸化期一般为 40 天左右，超前酸化期太短，矿层铀矿物尚未与浸出剂充分接触；超前酸化期太长又会因地下溶液的迁移流出采区。通常，我们希望酸化期越短越好，当然，它受多种因素制约。超前酸化期的浸出剂浓度视情况而定，一般为 15~30g/L，它取决于矿石化学成分。对于钙含量高的矿床，超前酸化时浸出剂浓度不宜太高，否则会造成 Ca、Mg 等杂质溶解，生成过多的 $CaSO_4$，$MgSO_4$ 沉淀，堵塞矿层孔隙，降低渗透性。超前酸化在几个采场接序开采时使用较佳，一个井场回采时另一个井场可酸化。在第 1 个井场回采结束时，已酸化的井场开始生产，在浸出液产量和铀浓度上形成最佳连接。如果矿山仅一个采区或在地浸现场试验阶段，超前酸化失去意义，这时应采用直接酸化法。超前酸化法在以硫酸作浸出剂的地浸矿山有较多的应用。

超前酸化又可分为两种不同浸出剂的注入方法，一种方法是配制新的浸出剂注入待酸化井场；另一种方法是将抽出已浸完井场的残液注入新井场。比较起来第二种方法更受推崇，因这种方法既利用了抽出残液中的余酸，又可回收铀，并能减少地下污染，有利于地下水复原。但这种方法的前提是矿山有几个井场处于不同的开采阶段，可有序地按照酸化、开采、地下水治理等步骤进行。

乌兹别克斯坦 Учкудук 地浸矿山积累了一套酸化的经验，既可保证矿层孔隙中充满酸，又不会将产生的浸出液排挤出井场浸出范围之外。他们酸化的方法分三步走，先注入矿体孔隙体积量 7%~10% 的酸；然后注入总量的 85%，这时从边缘钻孔取样分析，pH 值应下降，出现溶液混浊现象；最后注入总量的 7%~10%，结束酸化。酸化时的硫酸浓度要根据矿石中碳酸盐含量调整，以避免产生"碳酸氢盐效应"。酸化所需时间的计算及依据碳酸盐含量确定注酸浓度的方法如下：

酸化时间计算：

$$t = \frac{Q_a}{24n \cdot Q_i \cdot K} \tag{8-4}$$

式中 t——酸化时间，d；

    Q_a——注酸量，m^3；

    n——注入井数，个；

    Q_i——单孔注液量，m^3/h；

    K——钻孔利用系数，0.7～0.9。

对于含碳酸盐的矿石，可根据 CO_2 的含量确定注酸浓度，如图8-3所示。

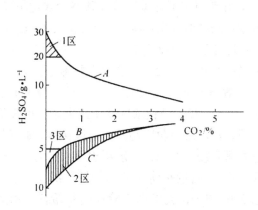

图8-3　酸浓度和矿石中碳酸盐含量的依赖关系

A 曲线用于确定酸化时酸的平均浓度和浸出时最高浓度；

B 和 C 用于确定浸出时酸的平均浓度，其中 B 适用于简单的矿山地质条件；C 适用于较复杂的条件。

1区适用于不含碳酸盐（$CO_2<0.3\%$）的难浸矿石，如翼部矿体酸化时；

2区适用于浸出期；

3区与1区相同。

在该矿，浸出剂浓度酸化时为 15～20g/L，浸出时为 6～8g/L，液固比1.5时浸出结束，浸出液铀浓度为 60～140mg/L。

8.4.2　直接酸化

与超前酸化比较，直接酸化法是在井场成井工作完成后注入浸出剂的同时抽出浸出液，注液与抽液同时展开。这种浸出剂的使用方法对于单一井场可加速浸出进行。直接酸化时必须保证抽液与注液平衡，当浸出液 pH 值达到 2～3 时，可以认为矿层酸化已基本结束。

从注入浸出剂开始至矿层中孔隙基本充满酸为止称为酸化阶段，实际上酸化阶段也即 1 个孔隙体积的浸出剂排开了矿层孔隙中的地下水。这时的液固比与矿层孔隙率和矿石密度有关，一般为 0.2～0.3。在矿石中不含碳酸盐或碳酸盐含量不高的情况下，这一阶段可使用较高的浸出剂浓度，如 20～30g/L H_2SO_4，缩短酸化期。矿层酸化后铀与浸出剂反应生成的浸出液铀浓度高于工业浓度的阶段称为浸出阶段，该阶段为井场主要生产阶段。这一阶段酸浓度可适当降低，一般为 7～15g/L，浸出液 pH<2，液固比为 0.25～2.0。浸出液铀浓度低于工业浓度的浸出阶段称为浸出结束阶段，浸出结束阶段与浸出阶段接续，此阶段利用余酸浓度基本上可满足浸出要求，一般浸出剂浓度为 3～5g/L。这一阶段 pH 仍小于 2，目的是防止溶解的铀再沉淀。进入这一阶段液固比已达 2.0～3.0，浸出结束阶段进行缓慢。虽然浸出结束阶段浸出液中铀浓度低，但因不再注入浸出剂，有利于地下水治理和资源回收，因此，可维持运行。

直接酸化法浸出剂浓度依不同阶段而变化，当然不同矿山的使用也各异。哈萨克斯坦 Канжуган 矿山浸出剂酸浓度取决于液固比，当液固比为 0.2 时，浸出剂酸浓度为 10g/L；液固比为 0.4 时，浸出剂酸浓度为 6～7g/L；而当液固比为 1 时，浸出剂酸浓度小于 3g/L[39]。直接酸化法一般在酸化初期酸浓度较高，为 10g/L 左右；进入浸出期，酸浓度有所降低，为 6g/L 左右；而浸出尾期，不再加入酸，利用吸附尾液的余酸维持浸出进行。吸附尾液余酸一般为 2～3g/L。

8.4.3 硫酸浸出剂对环境的影响

使用硫酸作浸出剂与碱法浸出比较起来从某种程度上是看中了它的高浸出率，可这一点是以牺牲地下水环境为代价的。捷克

Stráž矿山经历了30多年的地浸开采，回收了1万多吨金属铀，可对地下水的污染也触目惊心。目前该矿已关闭，可关闭后如何进行地下水治理，谁来出钱治理，结果能否令人满意等问题已摆到议事日程。严重的地下水污染令人不禁提出：如何平衡回收的1万多吨金属铀和面对恶劣的地下水环境？

1996年在哈萨克斯坦国际原子能机构召开的地浸技术研讨会上，哈萨克斯坦曾发表了题为"地浸溶液中铀的化学状态与应用的工艺技术和它对环境的影响"的论文，文中指出："哈萨克斯坦使用酸性溶液进行地浸的20年生产中，大量受污染的地下水不断向外扩散，目前这种状况并未得到改善，这与铀矿开采环境要求不相符。"[40]

依据浸出机理，能用酸法浸出的铀矿石原则上都可用碱法浸出，只是浸出率低，遇到FeS_2含量高的矿床浸出剂消耗量大。这里必须纠正一个错误的概念，即美国采用碱法或中性浸出的根本原因不是因其矿床碳酸盐含量高，而完全是出于保护地下水资源的目的，否则也不会从初始的铵盐转变成钠盐又转变成中性浸出了。诚然，各国的国情不一，政府的法规和经济发展现状不同，但在环境保护日受重视的今天，在决定使用何种浸出剂时再不考虑对地下水的影响已无法被人接受了。在这一点上哈萨克斯坦已有所认识，并在有关文章中指出："有必要注意到，关于地面环境、防止地下水污染以及为了适应世界环保的要求，哈萨克斯坦制订的新法规使得现在和将来采用不进行地下水治理和复原的酸法地浸采铀技术变得不符合法律。"同时又指出："根据哈萨克斯坦国已有的硫酸地浸采铀经验，该技术的应用前景已到了极限，由于地下水的污染无法恢复到本底值，因而受到环境、法律和经济的制约。"

目前，世界上所有酸法地浸矿山都用硫酸作浸出剂。在应用地浸技术采铀的国家中，哈萨克斯坦、乌兹别克斯坦、俄罗斯、乌克兰、捷克、保加利亚、澳大利亚均采用酸法浸出。美国在地浸初期曾用硫酸作浸出剂在怀俄明Shirly Basin做过试验，但至今没有酸法地浸矿山。

8.5 碱性浸出机理及浸出剂种类

8.5.1 碱法浸出机理

采用碱性试剂作为浸出剂的地浸过程称为碱法浸出，也称碱浸。在碱法浸出过程中，矿石中的 6 价铀与碳酸盐或碳酸氢盐(重碳酸盐)中的 CO_3^{2-} 或 HCO_3^- 络合，从而将铀从固相转移到液相，生成碳酸铀酰。因此，碱法浸出实际上是 CO_3^{2-} 和 HCO_3^- 的浸出。为了保持矿石能完全浸出，碱法浸出中需加入氧化剂，氧化剂将 4 价铀转变为 6 价铀，只有这样才能有效地回收铀资源。碱法浸出时铀与浸出剂的反应式如下：

$$UO_2 + \frac{1}{2}O_2 \rightarrow UO_3$$

$$UO_3 + 2HCO_3^- \rightarrow UO_2(CO_3)_2^{2-} + H_2O$$

$$UO_3 \rightarrow UO_2(CO_3)_2^{4-} + H_2O$$

生成的碳酸铀酰在 pH 值为 7.5~8.5 时是稳定的，在后处理流程中可用阴离子交换树脂吸附，处理技术十分成熟。可作为碱性浸出剂的化学试剂主要有碳酸铵、碳酸氢铵、碳酸钠、碳酸氢钠等。浸出时 pH＝9~10.5，当 pH＞10.5 时，已溶解的铀会发生再沉淀，以 Na_2CO_3 浸出剂为例：

$$2Na_4[UO_2(CO_3)_3] + 6NaOH \rightarrow Na_2U_2O_7 \downarrow + 6Na_2CO_3 + 3H_2O$$

为防止浸出中已溶解的铀再沉淀，碱法浸出时可加入碳酸氢盐，如 $NaHCO_3$、NH_4HCO_3 以中和反应生成的 OH^-。因此，碱法浸出一般是碳酸盐和碳酸氢盐配合使用。CO_3^{2-} 与 HCO_3^- 之间的转换平衡为：

$$CO_3^{2-} + H^- = HCO_3^-$$

或　　　　　　$CO_3^{2-} + H_2O = HCO_3^- + OH^-$

反应如下：

$$UO_3 + 2HCO_3^- = UO_2(CO_3)_2^{2-} + H_2O$$

$$UO_2 + H_2O_2 + 2HCO_3^- = UO_2(CO_3)_2^{2-} + 2H_2O$$

$$UO_3 + 3CO_3^{2-} + H_2O = UO_2(CO_3)_3^{3-} + 2OH^-$$

$$UO_3 + 3HCO_3 = UO_2(CO_3)_3^{4-} + H^+ + H_2O$$

由这几个反应式可知，在 CO_3^{2-} 和 HCO_3^- 量足够的情况下，浸出效果较好。CO_3^{2-} 和 HCO_3^- 太低或太高均影响浸出效果。CO_3^{2-} 太低，则 HCO_3^- 就会转化成 CO_3^{2-} 使反应向左进行，转化过程中放出 H^+，此时加入 OH^- 提高 pH 值对反应有利。反之，如 HCO_3^- 太低，则有部分 CO_3^{2-} 就会转化成 HCO_3^-，并放出 OH^-，此时加酸有利于这种转化。因此，碳酸盐浸出时 pH 值应接近 10。

碱法浸出时，用碳酸盐作浸出剂每吨岩矿需 0.3～3kg[17]。

8.5.2　碱法浸出的优缺点

8.5.2.1　碱法浸出的优点

与酸法相比，碱法浸出有一定长处：

(1) 选择性好，Ca、Mg、Fe、Al 等元素很难在碱性浸出环境下溶解；

(2) 腐蚀性小；

(3) 可用于碳酸盐含量相对较高的矿床；

(4) 能给氧化剂提供较适宜的环境；

(5) 与酸法相比，环境污染治理相对容易。

碱法浸出时 pH 值在 9～10.5 之间，一些金属，特别是重金属无法在这种环境下溶解，因此，碱法浸出得出的产品杂质含量低。另外，由于众多金属在碱法浸出条件下浸不出来，对地下水污染小，后期治理容易。与酸法相比，碱法浸出剂腐蚀性小，降低了对设备、仪器、管路的防腐要求。对于碳酸盐含量相对较高的矿床,用酸法时会因钙盐沉淀造成化学结垢,永久堵塞矿层孔隙,使正常浸出无法进行。而用碱法,只要控制浸出剂配比和浓度,就可成功地完成浸出。巴基斯坦 Qubul Khel 地浸铀矿床正是应用 6g/L $NaHCO_3$ 作为浸出剂,成功地抑制 $CaCO_3$ 生成与沉淀,保证浸出顺利进行。在碱性条件下,氧气等一些氧化剂有良好的氧化环境,能将 U^{4+} 氧化成 U^{6+}。

8.5.2.2 碱法浸出的缺点

碱法浸出的不足之处:

(1) 浸出率低,一般比酸法浸出低 10% 左右;

(2) 矿石中 FeS_2 含量高时不能使用;

(3) 浸出液铀浓度低,浸出时间长。

碱性浸出最大的不足是浸出率低,其原因是碳酸盐浸出时与铀酰离子的络合速度较慢,并且碱法浸出常用的氧化剂氧化速度慢,在这种条件下,矿石中如存在 FeS_2 是很不利的。根据美国经验,矿石中 FeS_2 含量超过 2% 时则碳酸盐浸出就不适宜了,这可从下列反应式看出:

$$4FeS_2 + 15O_2 + 14H_2O \rightarrow 4Fe(OH)_3 + 8SO_4^{2-} + 16H^+$$

这是一种简化的反应式,因 Fe 可能会形成 $Fe(OH)_3$ 的各种错体,如 FeOOH 等,而 S 也可被氧化成不同价态。显然,FeS_2 不仅消耗 O_2,且生成酸又会消耗碱性浸出剂,形成 $Fe(OH)_3$ 沉淀,同时还吸附 UO_2^{2+}。

$$2FeS_2 + 8Na_2CO_3 + 7\frac{1}{2}O_2 + 7H_2O \rightarrow 2Fe(OH)_3 + 4Na_2SO_4 + 8NaHCO_3$$

此外,矿石中的钙镁氧化物和硫酸盐也会消耗碳酸盐,以 Na_2CO_3 浸出剂为例。

$$CaSO_4 + Na_2CO_3 \rightarrow CaCO_3 + Na_2SO_4$$
$$CaO + Na_2CO_3 + H_2O \rightarrow CaCO_3 + 2NaOH$$

$$MgSO_4 + Na_2CO_3 \rightarrow MgCO_3 + Na_2SO_4$$

浸出速度取决于反应速度和扩散速度，而反应速度又决定于氧化速度和络合速度。因为 HCO_3^- 的反应速度很慢，导致浸出速度慢。此外，以氧气作氧化剂直接氧化 UO_2 的速度比酸浸时以 Fe 离子为催化剂的氧化反应速度慢，因此碱法浸出所需的时间长。

8.5.2.3　铵盐浸出剂$((NH_4)_2CO_3 + NH_4HCO_3)$

在地浸采铀试验和生产中曾使用过这种浸出剂。这种浸出剂对矿层渗透性无损害作用且成本低，在美国一些地浸矿山最初使用广泛。但后来由于意识到这种浸出剂产生的 NH_4^+ 对地下水污染严重，而且后期治理困难。特别是怀俄明州，作为美国主要拥有地浸采铀矿山的州，1980 年颁布了一项规定，即地浸开采后地下水治理时 NH_4^+ 的含量不能高于 $0.5mg/L$。这一要求使地浸采铀工作者望而却步，在可接受的地下水治理费用下达到这一限度是相当困难的。事实上，就是达到 $50mg/L$ 的标准，地下水复原的费用已相当可观了。因此，美国地浸矿山逐渐不再使用铵盐浸出剂。这种浸出剂在地浸矿山使用时通常用 NH_3、CO_2 和水配制而成，化学反应式如下：

$$2NH_3 + H_2O + CO_2 \rightarrow (NH_4)_2CO_3$$
$$NH_3 + H_2O + CO_2 \rightarrow NH_4HCO_3$$

浸出剂的浓度通常在 $1 \sim 5g/L$，浓度低的浸出剂铀溶解缓慢，但其优点是后期地下水治理容易，同时也可减少试剂消耗，降低生产成本。铵盐浸出剂在浸出中大部分可循环使用，总的消耗量少。从美国地浸矿山使用铵盐浸出剂的经验得知，在矿层离子交换饱和的情况下，80% 的浸出剂是可以循环的。

虽然美国因环境原因已不再使用 $(NH_4)_2CO_3 + NH_4HCO_3$ 作为地浸浸出剂，但在上世纪 90 年代美国学者曾建议："由于酸法浸出产生沉淀的石膏，溶浸采铀应优先采用 $(NH_4)_2CO_3$ 浸出。"

8.5.2.4 钠盐浸出剂(Na_2CO_3 + $NaHCO_3$)

由于铵盐存在的致命弱点——地下水治理困难,使它的应用受到限制。在这种情况下,一些地浸矿山经营者逐步将眼光放到钠盐浸出剂上。与铵盐比较起来钠盐地下水治理相对容易,成本低。美国 1979 年在怀俄明州 OPI 西部联合投资公司的地浸采铀试验中仅用 6 个孔隙体积就将地下水治理到可接受的水平。Na_2CO_3 + $NaHCO_3$ 浸出剂浓度一般为 5 ~ 15g/L,pH 为中性,在这种条件下可有效地控制黏土膨胀。由于黏土对 Na^+ 的吸附量比 NH_4^+ 少,因此,钠盐浸出剂的消耗也少。

钠盐作为浸出剂虽然有上述比较明显的优点,但也存在一些不足。其一是在浸出过程中钠盐会引起蒙脱石膨胀,堵塞矿层。因为 Na^+ 有较高的水化能,Na^+ 是一价的,不像 Ca^{2+} 和 Mg^{2+} 那样与黏土结合紧密。相对而言,NH_4^+ 和 K^+ 因水化能较低且与黏土结合紧密,所以引起黏土膨胀小。为避免钠盐浸出剂这一缺点,它可在地下水中 Na^+ 浓度较高或可膨胀的黏土含量较低时使用。例如,当黏土中主要是非膨胀型黏土,如高岭土时,可忽略由 Na^+ 引起的黏土膨胀问题。美国由于长期使用钠盐浸出剂已积累了大量经验,已有一定办法控制黏土膨胀,主要是保持浸出剂为中性,效果较好。

与(NH_4)$_2CO_3$ + NH_4HCO_3 比较起来,Na_2CO_3 + $NaHCO_3$ 的浸出效果相同,这一点可从表8-2 中看出。

表 8-2　铵盐与钠盐浸出剂浸出效果比较

序号	浸　出　剂	浸出液铀浓度/mg·L^{-1}	浸出率/%
1	10g/L Na_2CO_3 + 5g/L $NaHCO_3$	57.4	80
	10g/L (NH_4)$_2CO_3$ + 5g/L NH_4HCO_3	38.7	80
2	8g/L Na_2CO_3 + 4g/L $NaHCO_3$	54.5	81.5
	8g/L (NH_4)$_2CO_3$ + 4g/L NH_4HCO_3	44.8	78.5
3	6g/L Na_2CO_3 + 3g/L $NaHCO_3$	57.4	83.1
	6g/L (NH_4)$_2CO_3$ + 3g/L NH_4HCO_3	45.1	81.5

序号	浸 出 剂	浸出液铀浓度/mg·L^{-1}	浸出率/%
4	4g/L Na$_2$CO$_3$ + 2g/L NaHCO$_3$	57.0	84.6
	4g/L (NH$_4$)$_2$CO$_3$ + 2g/L NH$_4$HCO$_3$	47.7	80.0
5	10g/L NaHCO$_3$	54.0	78.5
	10g/L NH$_4$HCO$_3$	46.5	76.9

8.5.2.5 钾盐浸出剂（K$_2$CO$_3$ + KHCO$_3$）

碳酸钾与碳酸氢钾浸出剂其最大优点是地下水治理简单、容易，要比铵盐优越得多，不会降低矿层渗透性。图 8-4 所示是实验室试验得出的结果。从图中看出，对矿层渗透性的影响特性钾盐与铵盐相似[41]，而钠盐则截然不同，严重影响矿层渗透性。因此，从保护环境角度出发，钾盐是一种可推荐的浸出剂，而且它也不会像钠盐那样引起黏土膨胀。在地浸矿床地下水中常常发现 K$^+$ 的存在，浸出后对地下水几乎无影响。这种浸出剂的致命缺点是成本高，且浸出速率慢，限制了它的使用。美国 Austin Texas 大学曾发明了一种新技术，据称可大大降低碳酸钾与碳酸氢钾成本，还可减轻由于 CaCO$_3$ 沉淀造成的渗透性损坏[42]。这项技术就是在注入碳酸钾和碳酸氢钾之前，用 KCl 预冲洗矿层，

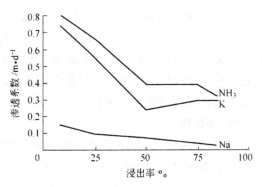

图 8-4 铵、钾、钠盐对矿层渗透性的影响

形成可溶性 $CaCl_2$ 而不是 $CaCO_3$，抽至地表除去 Ca^{2+}。据报道，在地浸初期美国地浸矿山曾使用过这种浸出剂[32]。

另外，镁盐浸出剂也可作为碱性浸出剂的一种，据报道，美国在地浸采铀初期曾用过这种浸出剂进行工业生产[36]。

美国和巴基斯坦地浸的生产矿山均为碱法浸出。另外，独联体国家地浸中曾应用过碳酸盐-碳酸氢盐浸出剂，他们将这种浸出剂用于碳酸盐含量大于 2.5% 的矿石[17]。据报道，哈萨克斯坦也有碱法地浸矿山[33]。

8.6 中性浸出

8.6.1 中性浸出的意义

美国虽然试验中采用过酸法浸出，但工业生产的矿山都为碱法浸出。最早美国使用铵盐浸出剂，但因铵盐会导致较严重的地下水污染，后期治理困难，而被禁止使用。随后，地浸矿山使用钠盐浸出剂，但在一些碳酸盐含量高的矿床，常因浸出剂注入后引起钙沉淀，影响正常浸出。为创造不产生钙沉淀的环境，人们人为地将 pH 控制在 6.5~8.0，从而产生中性浸出的概念。

铀在 pH 值为中性条件下浸出的过程称为中性浸出。中性浸出也可称为中性弱碱性或弱酸性浸出，因一般情况下，pH 值不超过 9。美国许多地浸矿山做过中性浸出的试验，而且也不乏有工业生产应用的实例。虽然控制 pH 值在某种程度上会导致铀浸出缓慢，但它对矿床地球化学干扰小，且易于地下水治理，在浸出过程中不易造成矿层孔隙的化学堵塞。

8.6.2 中性浸出机理

在中性条件下，CO_3^{2-} 几乎不存在，溶液中碳酸盐全部以 HCO_3^- 形式存在，实际上是 HCO_3^- 浸出。CO_3^{2-} 与 HCO_3^- 之间的转换平衡为：

$$CO_3^{2-} + H^+ = HCO_3^-$$

或 $$CO_3^{2-} + H_2O = HCO_3^- + OH^-$$

显然，CO_3^{2-} 和 HCO_3^- 之间的转换与溶液的 pH 值密切相关。

目前世界上应用的中性浸出有两种，一种是 $CO_2 + O_2$ 的浸出，另一种是微酸浸出。前一种中性浸出是立足于碱性浸出基础上，而后一种则立足于酸性浸出基础上。前一种浸出剂 pH 为中性，而后一种呈弱酸性。$CO_2 + O_2$ 的中性浸出剂主要是 CO_2，以 CO_2 为浸出剂的中性浸出其反应机理如下：

$$CO_2 + H_2O = H^+ + HCO_3^-$$
$$CO_2 + CaCO_3 + H_2O = Ca^{2+} + 2HCO_3^-$$

这里，$CaCO_3$ 起缓冲物的作用，而 CO_2 和 HCO_3^- 处于一种动态平衡。CO_2 浸出剂对矿层地球化学扰动小，不会引起黏土膨胀。与其它类型浸出剂相比，它对地下水危害最小，后期地下水治理简单。另外，它价格便宜，也是使用日益增加的主要原因之一。CO_2 注入矿层后形成碳酸氢盐，以 Na_2CO_3 和 K_2CO_3 为例，其反应式如下：

$$CO_2 + Na_2CO_3 + H_2O \rightarrow 2NaHCO_3$$
$$CO_2 + K_2CO_3 + H_2O \rightarrow 2KHCO_3$$

矿山生产中，注入的 CO_2 为气体，为使它能与液体充分混合，在注入管前端装有混合器。这种混合器的构造及作用与注入氧气用的混合器相同，也即在井中产生大量微小的气泡，增大溶解度。无论是使用氧气还是 CO_2，气液混合是关键技术，否则将浪费大量气体，达不到理想的浸出效果，增大浸出成本。

微酸的中性浸出条件是矿石中含有一定量的碳酸钙，在注入低浓度的硫酸后，硫酸与碳酸钙作用产生 HCO_3^- 和 CO_3^{2-}。铀化合物可与这两种离子反应，生成碳酸铀酰络合物 $[UO_2(CO_3)_2]^{2-}$ 和 $[UO_2(CO_3)_3]^{4-}$。一般情况下，要实现这种类型的中性浸出，浸出剂的 pH 应小于 4，酸浓度小于 2g/L 为宜。

既然这是一种利用矿石中碳酸钙的浸出，那么，碳酸氢盐的存在及浓度主要取决于矿石中碳酸钙含量，当碳酸钙含量约为2%时，对浸出十分有利；当碳酸钙含量大于3%时，酸耗和时间会大大增加，采用微酸的中性浸出已不合适。这种类型的中性浸出目前只用在矿层已被充分氧化，并且前期用较高浓度的酸开采一段时间的条件下，还未见到矿床一经开采就采用微酸浸出的报道。微酸浸出浸出液铀浓度低，浸出时间长。

8.7 试验选择浸出剂的方法

8.7.1 样品的保存

浸出剂的选择取决于多种因素，在本章第1节中已讨论了地浸矿山对浸出剂的要求，依据这些要求并根据矿床内部条件便可决定使用何种浸出剂。通常，选择浸出剂主要通过试验来完成，如实验室的搅拌浸出试验、柱浸试验和现场试验。实验室试验必须采取有代表性的样品，同时，为保证试验有价值，样品应得到妥善保存。

样品保存不好会给试验结果造成偏差，例如，如果矿石在空气中被氧化，氧化剂耗量就会偏低。鉴于这种情况，美国建议，样品应保存在不透气的容器中，并通入氮气或放置干冰。实践证明，用塑料密封达不到完美的效果，应该用金属薄片包裹样品，再用石蜡密封。美国矿务局一直采用有机玻璃柱盛样品，通入氮气，即不透气密封，效果很好。样品在这种情况下保存，经试验可得到氧化剂消耗量的上限。

8.7.2 搅拌浸出试验

8.7.2.1 试验目的

搅拌浸出试验的主要目的是利用尽量少的试样获取不同类型和不同浓度浸出剂对矿石的浸出效果，为柱浸试验选定浸出剂。搅拌浸出试验的浸出效果反映在铀浸出率高低、浸出时间长短、浸出剂耗量大小上。搅拌浸出的特点是规模小、易操作、成本低、时间短。因此，这种实验室试验方法一直是浸出剂选择的首要手段。

8.7.2.2 试验方法

搅拌浸出取样量无统一规定，一般为 10～100g。样品经筛选、混合、压碎、缩分、研磨后，粒度小于 $75\mu m$，置入容积为 200～500mL 的锥形瓶中，浸出剂加入量以液固比 5～20 为准。然后，将锥形瓶置入空气振荡器中振荡，浸出时间视情况而定，通常为 24～48h，最长 120h，最短 1h，浸出结束后可取样分析液体和固体中的铀含量。搅拌浸出试验也可在振荡期间取样分析，然后继续振荡，分阶段进行。分阶段试验可测出不同浸出时间铀的浸出率，得出铀浓度与时间的关系曲线。但这种方法因中途取样改变了液固比，对试验会有影响。另一种办法是制多个样，每个样振荡时间不同，这种方法同样可获得分阶段试验的结果，而且液固比又不受影响。

8.7.2.3 试验用水

在试验中，因针对某矿床选择浸出剂，配制浸出剂的水应该是地下水或是分析地下水组分后在实验室配制该组分的水。在实验室试验中要分析 pH、铀浓度、浸出剂和氧化剂浓度、一些金属元素浓度，如干扰浸出的元素、对地浸工艺有影响的元素等。如采用分阶段试验，美国专家认为，取样时间开始时为 1、4、8、12、24h，以后每天取 1 次样，直到浸出平衡，一般要 3 天左右。试验时，可用新配制的浸出剂或循环浸出液，但循环时物料平衡难以计算。

8.7.3 柱浸试验

8.7.3.1 试验目的

柱浸试验是在搅拌浸出试验的基础上进行的，试验前我们已初步选定了一种或几种浸出剂，设定了浸出剂的浓度。从另一方面讲，柱浸试验是搅拌浸出试验结果的进一步验证。柱浸试验与搅拌浸出试验不同，柱浸试验更接近矿层浸出条件。首先，矿样只是轻轻压碎，而不研磨，保持原有粒度。再则，矿石与浸出剂在自然渗流情况下接触，不加人为干预。当然，目前开采的地浸矿山矿层浸出大半在 1～2MPa 压力下进行，有的超过 3MPa，而柱浸试验多半在大气压下进行。柱浸试验取得的参数与搅拌浸出类同，如浸出率、浸出液铀含量、浸出剂消耗、液固比、浸出时间等，其主要目的是探索在渗透或渗滤扩散方式下矿石与浸出剂的反应与铀浸出行为。

8.7.3.2 试验方法

柱浸试验顾名思义是在柱内完成，矿样经混合、压碎后装柱，装柱时应加水浸湿矿样使其密实，目的是让容重达到或接近自然湿度下的值。装柱后先用清水浸润，然后可滴入浸出剂，浸出剂可从柱顶进入，柱底渗出，反之也可。浸出剂从柱顶或柱底进入其运动状态是有差别的，浸出剂从柱顶进入，因浸出剂密度大于地下水密度，重力使浸出剂运动加快，在柱中运动横断面上分布不均匀，形成突出部分，即呈"舌"形。这时浸出剂运移方式以渗透为主弥散为次。而浸出剂从矿柱底部进入，会减弱渗透作用，以弥散为主，溶液呈平缓推进。试验时，浸出剂应以固定渗滤速度滴入，一般为 0.2～0.3m/d。待浸出液渗出后就应定时取样，取样时间间隔为 8～24h。一般情况下，柱浸试验是根据铀浸出率确定结束时间，如 80%。在浸出过程中可以绘制铀浓度随时间或液固比变化的浸出曲线，根据曲线趋势预测试验结束时间[43]。有些试验因矿石可浸性差或浸出剂浓度不当等原因，要使铀浸出率达到 80% 以上时间相当长，甚至是不可能的。

除散样柱浸试验外，还可用完整的岩芯矿样做浸出试验。但实际中完整的岩芯矿样较难获得，而且通常岩芯样直径不超过110mm，无法完全反映矿层中的矿物成分和化学成分，反映不了矿层真实渗透性能。为反映矿层水平渗透性能，有的试验者将取得的岩芯样再垂直于芯轴钻取岩芯。试验证明，当样品长度小于 200mm 时，试验结果不能令人满意。

为了更好地模拟现场条件，将试验柱水平放置更有说服力，但水平柱装样困难，很难达到理想结果。试验时如现场温度与实验室温度相差较大，还应考虑修正的办法。

8.7.3.3 试验用水与柱规格

理想的柱浸试验应使用地下水进行，更接近实际。试验可采用垂直柱或水平柱，两种形式的试验各有优缺点。柱子的直径和长度理论上越大越好，更能接近实际。一般因受矿样量和浸出时间的限制，对于浸出剂选择又要做几种浓度，因此，直径 16～50mm、长 700～1500mm 的柱子可以满足要求。柱浸试验柱子长度直接影响试验得出的各项参数的精度，表 8-3 是不同长度柱浸试验得出的液固比和酸耗的误差百分比。从表中看出，2m 以上长度的柱子的柱浸试验结果与现场结果接近。若试验者操作熟练，这种规格的柱子能获得满意的试验结果。柱浸试验要维持恒压的溶液流速，否则会引起细颗粒迁移，其流速应近似于现场，一般将1m/d作为模拟现场的流速，流速过快会导致沟流。

表 8-3　液固比、酸耗与柱长的关系

柱长/m	试 样 1		试 样 2	
	液 固 比	酸耗误差/%	液 固 比	酸耗误差/%
0.25	55.7	25.4		
0.50	25.7	6.8	90.9	13.0
1.00	11.4	1.7	15.2	4.3
2.00	10.0	0	4.2	0
3.00	8.6	0	3.0	0
10.00	5.7	0	2.4	0

注：$CaCO_3$ 含量：样品 1 为 0.2%，样品 2 为 1.6%。

8.7.4　现场试验

8.7.4.1　试验目的

实验室试验无论怎样模拟现场条件，但仍与现场天然条件相差甚远。因此，仅以实验室试验结果作为工业生产依据所带来的风险很大。鉴于这种情况，为确保矿山工艺合理，不浪费投资，有必要在室内试验基础上开展现场试验，现场试验包括条件试验，半工业性试验和工业性试验。

现场试验的目的是验证室内试验所提出的浸出剂类型和浓度的合理性，看其是否能在地层实际条件下获得最佳浸出效果，为工业生产提供参数。现场试验条件与实验室条件有很大差别，其中一点是实验室试验时浸出剂仅与矿样作用，而现场注入的浸出剂不但与矿层发生作用还与非矿岩层发生作用。浸出剂与矿层的反应行为可能因非矿层中独有的矿物而与矿层截然不同，尤其是浸出剂消耗，以实验室结果代替现场有时误差很大。因此，作者曾在一次地浸采铀现场试验中提出，实验室试验的取样也应包括非矿层，并与矿层一起参与各种试验。再则，虽然柱浸试验样品未经研磨，但矿石毕竟离开了原始位置，受到人为干扰，这也是与现场试验差别的主要原因之一。除此之外，浸出剂对矿石或矿层的渗滤压力、矿石或矿层的氧化状态等都有差别。正是由于这些差别的存在，迫使我们不得不开展现场试验。

8.7.4.2 试验方法

现场试验的方法最根本的一点是以注入井和抽出井的形式让浸出剂与矿层直接接触，使浸出剂浸矿成为可能，抽出井与注入井的多少取决于试验规模。现场试验最少可用一个井，即单井既抽又注；也可采用 2 个井，1 个注，1 个抽；但大多数情况下为一组井，一组中可 3 注 1 抽，4 注 1 抽等[44]；当然，如是半工业性试验或工业性试验就要十几个井或者更多，同时，还应布置监测井。

浸出剂的现场试验和实验室试验操作不同，实验室试验同一锥形瓶或同一柱自始至终浸出剂浓度不变化，而对于现场试验，试验期间浸出剂就不一定保持同样浓度了，尤其对于酸法浸出，后期仅利用余酸就可达到理想的浸出效果。而且，就是浸出初期和中期浸出剂浓度也有差别。因此，在现场试验时要研究浸出剂浸出行为，分析铀浓度随时间变化曲线。试验中要随时分析浸出结果，尤其是对浸出或对浸出剂消耗有影响的产物更应十分注意，必要时调整浸出剂浓度。

8.8 浸出剂选择实例分析

8.8.1 酸性浸出剂选择实例

8.8.1.1 搅拌浸出试验

试验矿床埋深 230~250m，属砂岩型矿床，矿层倾角 10°左右。矿样品位 0.09%，钙含量较低。试验样品量 15g，浸出剂 150mL，置入 250mL 的锥形瓶中，在空气振荡器上振荡 24h，表 8-4 是不同种类不同浓度浸出剂浸出结果。

表 8-4 不同种类不同浓度的浸出剂浸出结果

序 号	浸 出 剂	浸出率/%
1	10g/L Na_2CO_3 + 5g/L $NaHCO_3$	73
2	10g/L $(NH_4)_2CO_3$ + 5g/L NH_4HCO_3	46
3	2g/L H_2SO_4	66
4	5g/L H_2SO_4	
5	10g/L H_2SO_4	71
6	15g/L H_2SO_4	76
7	20g/L H_2SO_4	81
8	30g/L H_2SO_4	91
9	40g/L H_2SO_4	87

从表中结果看出，碱法铀浸出率比酸法低，而酸法铀浸出率又随浸出剂浓度增加而提高。试验结果符合碱法和酸法浸出特点，服从铀浓度随浸出剂浓度变化的规律。分析搅拌浸出结果和矿石成分，决定选用 H_2SO_4 作为矿石浸出剂。

8.8.1.2 柱浸试验

柱浸试验柱内径为 28mm，高 1200mm，共 4 根，浸出结果可见表 8-5。浸出剂的浓度与铀浸出率、液固比和浸出剂消耗量有关，我们将浸出剂浓度再增加时其消耗量明显增加而浸出率却难以增加时的浓度定为最佳浓度，见表 8-5。

表 8-5 柱浸试验浸出结果

序　号	浸　出　剂	浸出率/%
1	5g/L H_2SO_4 + 0.04g/L H_2O_2	84.95
2	10g/L H_2SO_4 + 0.04g/L H_2O_2	87.20
3	15g/L H_2SO_4 + 0.04g/L H_2O_2	106.15
4	30g/L H_2SO_4 + 0.04g/L H_2O_2	94.86

从图 8-5 中看出，本次试验得出的最佳浸出剂浓度为 15g/L 左右。

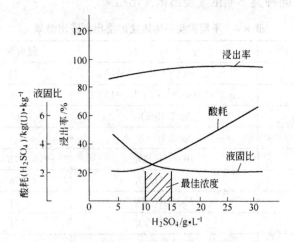

图 8-5 硫酸浸出剂最佳浓度的选择

8.8.1.3 现场试验

现场试验采用一组长方形 5 点型井型为主，外加两个注入井，共 6 抽 1 注。井距从 15m 变化到 25m 不等。浸出剂初期浓度为 15~20g/L H_2SO_4，后期为 5~6g/L（25 天后）。试验期间浸出液铀浓度达 80mg/L 以上，回收了一定量金属。待铀浸出进入稳定良性循环状态后，添加 0.35g/L 27.5% 的 H_2O_2 氧化剂。

8.8.2 碱性浸出剂选择

8.8.2.1 搅拌浸出试验

某矿床矿石 U^{4+} 与 U^{6+} 比例 2:8，CO_2 含量 3.06%。搅拌浸

出试验根据矿石中矿物成分共使用了 6 种不同成分和浓度的浸出剂，试验矿样 40g，浸出剂 200mL，结果可见表 8-6[26]。

表 8-6　不同组分不同浓度的浸出剂试验

序　　号	浸　　出　　剂	浸出率/%
1	15g/L $(NH_4)_2CO_3$	95
2	10g/L $(NH_4)_2CO_3$	93
3	5g/L $(NH_4)_2CO_3$	85
4	10g/L Na_2CO_3 + 5g/L $NaHCO_3$	83
5	5g/L Na_2CO_3 + 5g/L $NaHCO_3$	65
6	5g/L H_2SO_4	84

从表 8-6 中看出，经 50h 的浸出后，3 种浓度的 $(NH_4)_2CO_3$ 浸出剂其浸出率均可达到 85% 以上。由于矿石中 CO_2 含量高，H_2SO_4 浸出试剂消耗量大，决定采用碱法浸出。

8.8.2.2　柱浸试验

柱浸使用 3 种不同类型的浸出剂，25g/L $(NH_4)_2CO_3$、10g/L Na_2CO_3 + 5g/L $NaHCO_3$ 和 10g/L $NaHCO_3$，试验结果可见表 8-7。

表 8-7　3 种不同类型的浸出剂柱浸试验结果

浸　出　剂	浸出时间/h	浸出率/%	浸出液铀浓度/mg·L^{-1}	液固比	试剂耗量(t 矿)/kg
25g/L $(NH_4)_2CO_3$	95	96.5	104.3	4.5	72
10g/L Na_2CO_3 + 5g/L $NaHCO_3$	100	85.1	66.0	4.5	44
10g/L $NaHCO_3$	192	73.6	98.6	5.3	8

从表 8-7 中看出，$(NH_4)_2CO_3$ 获得的浸出率高达 96.5%，而且不影响矿层渗透性，但该浸出剂耗量高达每吨矿石 72kg。Na_2CO_3 + $NaHCO_3$ 效果也不错，使用 $NaHCO_3$ 的浸出率为 73.57%，相对较低，而且浸出时间长，但矿层中钙未对渗透性产生任何影响。试验所使用的柱内径 87mm，长 1100mm。

8.8.2.3 现场试验

评价搅拌浸出和柱浸试验得出的结果，$(NH_4)_2CO_3$ 是几种浸出剂中浸出效果最好的 1 种，并且矿层渗透性未受到任何影响。然而，由于当地无法找到 $(NH_4)_2CO_3$ 的货源，因此，决定用 10g/L Na_2CO_3 + 5g/L $NaHCO_3$ 和 10g/L $NaHCO_3$ 作为现场试验浸出剂。

试验采用两个 5 点型井组，分两组进行，第 1 组用 10g/L Na_2CO_3 + 5g/L $NaHCO_3$ 作浸出剂，单井以 0.8~1m^3/h 的速率从 4 个注入井注入，抽出井以 4 m^3/h 的速率抽出。pH 在 10 天内从 8 变为 9.5，第 20 天加入过氧化氢 0.15g/L，pH 从 9.5 变为 10.1。由于产生 $CaCO_3$ 沉淀，抽液量下降至 2m^3/h，用盐酸和氢氟酸洗井后改用空气提升，试验持续 21 个月，图 8-6 是随时间变化的铀浓度曲线。

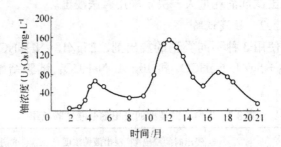

图 8-6　Na_2CO_3 + $NaHCO_3$ 浸出时铀浓度随时间变化曲线

从图 8-6 中看出，浸出液最高铀浓度可达 150~160mg/L，570 天浸出率达 65%，试验中 CO_3^{2-} + HCO_3^- 在 1 周左右达到峰值，为 1.5g/L 和 2g/L，20 个月后降至 0.8g/L 和 1.5g/L。

第 2 组试验为 5 点型井型。这组试验以 10g/L $NaHCO_3$ 为浸出剂，单井以 0.5m^3/h 的速率注入，空气提升，铀浸出曲线如图 8-7 所示。从图中看出，前 2 个月只有很少量的铀浸出。2 个月后，因为发现 $CaCO_3$ 沉淀而改用潜水泵提升，单井注液量增加至 0.9m^3/h，抽液量为 3.8m^3/h。CO_3^{2-} + HCO_3^- 已被很好地控制，CO_3^{2-} 峰值为 $0.2g/L$，而 HCO_3^- 达 $3.0g/L$。

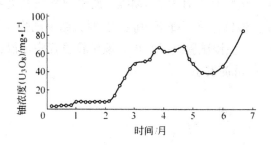

图 8-7　$NaHCO_3$ 浸出时铀浓度随时间变化曲线

现场试验结果得知，$6g/L\ NaHCO_3$ 为最有效的浸出剂。采用这种浸出剂因 pH 值低，不产生 $CaCO_3$ 沉淀，可用潜水泵提升。与用空气提升相比，潜水泵提升降低成本 75%。浸出剂消耗与 $Na_2CO_3 + NaHCO_3$ 混合浸出剂相当。鉴于这种原因，决定在生产中采用 $NaHCO_3$ 作为浸出剂。

8.8.3　中性浸出剂的选择与应用

8.8.3.1　搅拌浸出试验

中性浸出试验时，因 CO_2 浸出剂是气态，因此，室内试验装置与方法与酸性浸出和碱性浸出不同。我们知道，气体溶解度大小与压力呈直线关系，为保证有足够的 CO_2 与液体混合，中性浸出剂室内试验在压力下进行。

为考虑承受试验压力，搅拌浸出试验用的滚瓶由不锈钢管制成。滚瓶容积为 $200mL$ 左右，端头接压气管，滚瓶放置在托辊上以保证试验中能自由转动。一般滚瓶为螺纹结构，保证装样拆卸方便。试验时可对 CO_2 或氧化剂 O_2 加压，压力一般为 $1MPa$ 左右。

8.8.3.2　柱浸试验

柱浸试验装置由不锈钢或有机玻璃柱制成，一组 4 根。有机玻璃柱可承受的压力为 $0.6MPa$，操作者可直接观察到试验反应情况。图 8-8、图 9-9 所示为室内柱浸试验浸出液铀浓度与浸出时间的关系曲线。该矿样品位 0.16%，矿石中含 FeS_2 0.16%、CO_2 0.37%。试验时压力为 0.7MPa，浸出剂从柱底进入，顶部流出。当浸出液铀浓度下降至 10mg/L 时，结束试验，总浸出率为 82.53%。从柱浸试验结果看出，该矿石适宜中性浸出，并可控制 $CaCO_3$ 的沉淀发生。

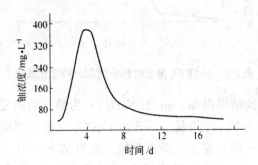

图 8-8　浸出液铀浓度随时间的变化

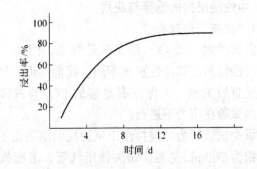

图 8-9　浸出率与浸出时间的关系

8.8.3.3　中性浸出应用

美国 $CO_2 + O_2$ 的中性浸出在目前生产的地浸矿山中已广泛使用，除此之外，乌兹别克斯坦和其它一些国家都在摸索中性浸出上做了大量试验并成功地应用于工业生产。乌兹别克斯坦的Учкудук 矿山生产时曾采用低浓度的浸出剂，即利用吸附尾液

pH＝4～5,不再加酸，这时浸出剂酸浓度 0.15～0.5g/L,而浸出液 pH＝6～7，他们称这种浸出为"微酸浸出"或"低酸浸出"[13]在这种浸出条件下，浸出液铀浓度一开始可能很高，达 800mg/L,3～4 天后降至最低点，然后缓慢上升到 30～80mg/L,个别井达 200～250mg/L。这种浸出主要是 HCO_3^- 起作用。经验得知，中性浸出矿石中碳酸盐含量不低于 0.4%时就可进行，但矿床氧化条件要好，或经过长时间的酸化和氧化。在两年半左右的浸出时间内，矿层要消耗 0.25%～0.3%的碳酸盐。这种浸出时间长，浸出所需液固比大，一般为 3.5。但这种浸出钻孔抽液量不会发生变化，而常规酸浸钻孔抽液量下降很大。

为解决含碳酸钙较高的矿床的浸出问题，美国发明了针对这种类型矿床两段浸出的专利[42]。这种方法是先向矿层中注入一定量碳酸，通过在钻孔底部加入高压 CO_2 实现。注入 CO_2 可将矿层地下水中的 $CaCO_3$ 以方解石的形式回收，这一过程抽出液的 pH 值控制在 4 左右。除去方解石后，还可提高矿层渗透性，然后，将 0.1%～1% H_2SO_4 和 O_2 注入矿层，实现铀的浸出。在注入 H_2SO_4 时还可加入诸如铝离子或絮凝剂，提高矿层渗透性。

9 氧化剂的种类与使用

9.1 氧化剂的作用机理

地浸采铀是利用化学试剂将矿石中的铀溶解下来，进入溶液中，使迁移成为可能。然而，要使溶液中的铀迁移，对地下水中氧化还原电位有一定要求。铀在氧化环境下，易迁移，而在还原环境下难以迁移，鉴于这一点，要实现地浸采铀就必须创造良好的地下氧化环境。特别是在浸出液运移过程中，随着氧化剂的不断消耗，氧化还原电位发生变化。因此，要保证溶解的铀能迁移至抽出井，就必须不断加入氧化剂。到目前为止，地浸采铀技术主要应用于砂岩型铀矿床。砂岩型铀矿床是铀在迁移过程中遇到地球化学障，在合适的环境下沉积下来而形成。在砂岩型铀矿床的形成过程中，伴随氧化还原带的作用，铀矿物部分已处于氧化态。地浸铀矿山大半以沥青铀矿为主，沥青铀矿的典型组成为 UO_2，但自然界中并无以 UO_2 存在的矿物。在长期的成矿条件下，UO_2 通常部分被氧化，由 U^{4+} 变 U^{6+}，正是因为这种氧化作用才使借助浸出剂的浸出成为可能。在酸性介质中 U^{6+} 能迅速溶解成铀酰离子，而 U^{4+} 的溶解速度大大低于 U^{6+}。因此，在矿层中含有 U^{4+} 时，为加快浸出速度，需加入氧化剂。以高铁离子为例，高铁离子预先将 U^{4+} 氧化成 U^{6+}。

$$UO_3 + 2H^+ \rightarrow UO_2^{2+} + H_2O$$

$$UO_2 + 2Fe^{3+} \rightarrow UO_2^{2+} + 2Fe^{2+}$$

可作为氧化剂的化合物有 H_2O_2、O_2、$KMnO_4$、MnO_2、$Fe_2(SO_4)_3$、Na_2O_2、$(NH_4)_2S_2O_8$、$Na_2S_2O_8$、$NaNO_3$、HNO_3 和 H_2SO_5

H_2O_2 氧化选择性差，相当一部分消耗在其它矿物上[45]。同时，H_2O_2 难以循环使用，使之成为生产成本的主要份额之一。由于 H_2O_2 的易挥发性，给储存带来困难，特别是天气炎热的地方更困难。乌兹别克斯坦的 Учкудук 矿就因夏天高温影响而中止 H_2O_2 的使用，改为氧气。H_2O_2 注入后对矿层孔隙产生的影响，一种观点认为，H_2O_2 注入后不会堵塞矿层孔隙；但另一种观点却认为，H_2O_2 在酸性溶液中分解成 O_2 和 H_2O，也具备堵塞矿层孔隙的条件。地浸采铀现场试验中也确有因加入 H_2O_2 而使矿层渗透性下降，抽液与注液能力降低的实例。

9.2.4 过氧化氢试验

氧化剂的选择实验室试验和现场试验的装置和方法与浸出剂的选择试验完全相同，这里不再赘述，下面讨论氧化剂选择的实验室试验和现场试验实例。

试验矿床为砂岩型铀矿床，埋深 70m，矿石矿物成分主要为石英和长石，矿石化学成分为 SiO_2 和 Al_2O_3。矿石平均品位为 0.1%，钙含量较低，铀矿物为沥青铀矿、铀黑，以吸附态存在。经搅拌浸出试验后，决定柱浸试验用硫酸作浸出剂，浓度 5g/L，分别加入不同浓度的 H_2O_2。试验采用一种类型、同一浓度的浸出剂，加入不同量的氧化剂，观察浸出效果的变化。表 9-1 为氧化剂浓度与铀浸出率的关系。

表 9-1 双氧水（H_2O_2 30%）浓度与浸出率的关系

编号	氧化剂	氧化剂浓度/$g \cdot L^{-1}$	铀浓度/$mg \cdot L^{-1}$	浸出率/%
1	H_2O_2	0.03	46.13	86.5
2	H_2O_2	0.06	47.62	89.3
3	H_2O_2	0.09	50.10	93.9
4	H_2O_2	0.12	54.39	102.6
5	H_2O_2	0.15	52.08	97.7

从表中看出，H_2O_2 浓度在 $0.09 \sim 0.15g/L$ 时，铀浸出率较

高，所以选择 H_2O_2 浓度为 $0.12g/L$。

现场试验中，酸化后加入 H_2O_2，H_2O_2 加入后，浸出液中 Fe^{3+} 从 $200mg/L$ 增加到 $500mg/L$，铀浓度直线上升，浸出液中铀含量一直保持在 $130mg/L$ 左右，持续两年。实践证明，采用 $0.12g/L$ H_2O_2 是完全合适的，浸出得到满意的结果。

使用中，H_2O_2 浓度不宜过高，否则，不但浪费氧化剂，而且有时还会降低浸出液铀浓度。

9.3 氧气氧化机理与特点

9.3.1 氧气的氧化机理

铀矿石中的 FeS_2 在氧气的作用下发生如下反应：

$$FeS_2 + 7O_2 + 2H_2O = 2FeSO_4 + 2H_2SO_4$$

进而被氧化成 Fe^{3+}：

$$4FeSO_4 + 2H_2SO_4 + O_2 = 2Fe_2(SO_4)_3 + 2H_2O$$

生成的 Fe^{3+} 氧化矿石中的 U^{4+}，反应生成的 Fe^{2+} 又被氧气氧化成 Fe^{3+}，如此不断循环使反应连续进行。除 U^{4+} 外，矿石中其它耗氧化剂组分是硫化铁和碳化物，理论上硫化铁脉石矿物比铀本身耗氧还多。但有些人认为，由于还原态的铀、钼矿物的作用，使氧气迅速消耗，对于反应缓慢的硫化物，例如黄铁矿，氧气消耗相对较少。当靠近注入井的铀被氧化后，硫化物缓慢反应消耗氧的比例越来越大。

9.3.2 氧气优缺点

氧气是普通的工业原材料，它具有较强的氧化性能，因此，一些地浸矿山特别是碱法浸出地浸矿山多用氧气作为氧化剂。氧气成本低，据资料报道，氧气作为地浸氧化剂的费用仅是 H_2O_2 的 $10\% \sim 20\%$ 左右[46]。另外，氧气选择性好，无副作用，氧化效率高。

氧气与液体混合能力差，特别是在常压下溶解能力有一定限度。地浸矿山用液态氧，经气化后注入井下与浸出剂混合。因此，人们认为地浸矿山氧气混合器下入深度与地下水水位面相距小于 100m 时，用氧气作氧化剂时溶解能力难以达到要求。氧气的溶解度与压力呈直线关系[46]：

$$S = \frac{0.21p}{33.5 + T}(1.107 - 0.036\lg p) \qquad (9\text{-}1)$$

式中　S——氧气溶解度，g/L；

　　　p——水柱压力，m；

　　　T——温度，℃。

从此式计算得出，50m 水柱 20℃时，氧气溶解度 0.2g/L。要增大氧气在液体中的溶解度就要增大压力，也即氧气要在一定深度下注入。根据这种情况，地浸矿山使用氧气作为氧化剂时每个注入井需安装独立的氧气注入管路，而且，在注入管端部都需安装氧气混合器，以便使氧气更充分地与浸出剂混合。再则，由于注入的氧气为气态，不会立即溶于液体，产生气泡。在注入过程中产生的气泡会堵塞矿层孔隙，降低渗透性。即使氧气未达到饱和也会产生气泡，氧气混合器的目的之一就是加速溶解，消除气泡。

9.4　三价铁盐氧化机理与试验

9.4.1　三价铁盐氧化机理

三价铁氧化剂也即 $Fe_2(SO_4)_3$ 或称硫酸高铁氧化剂。硫酸浸出时，Fe^{3+} 将铀氧化成 6 价，自己被还原为 Fe^{2+}。

$$UO_2 + 2Fe^{3+} = UO_2^{2+} + 2Fe^{2+}$$
$$U^{4+} + 2Fe^{3+} + 2H_2O = UO_2^{2+} + 2Fe^{2+} + 4H^+$$

浸出过程中，在有 Fe^{3+} 情况下，如氧化还原电位为 350～400mV，$Fe^{3+} : Fe^{2+} = 1 : 4$ 时，4 价铀开始被氧化。随着电位的增高，氧化速度加快，当达到 550mV 时，氧化速度达到最高值，当 $Fe^{3+} : Fe^{2+} \geqslant 1$ 时，4 价铀全部被氧化成 6 价铀[36]。

9.4.2　三价铁盐试验

Fe^{3+} 氧化效果好，成本低，易制取。但在矿层未酸化前，

不能使用 Fe^{3+}。Fe^{3+} 的浓度与铀浸出率直接相关，表 9-2 是地浸铀矿床矿石室内搅拌浸出试验结果[47]。

表 9-2   搅拌浸出试验 Fe^{3+} 浓度与浸出率的关系

编号	氧化剂	氧化剂浓度/g·L^{-1}	铀浓度/mg·L^{-1}	浸出率/%
1	Fe^{3+}	0.08	283.4	
2	Fe^{3+}	0.14	310.6	87.04
3	Fe^{3+}	0.2	289.6	
4	Fe^{3+}	0.3	305.2	
5	Fe^{3+}	0.4	268.1	91.04

从表中看出，Fe^{3+} 用量在 $0.3\sim0.4$g/L 时结果较好，在浸出过程中 Fe^{3+} 浓度越高浸出率越高，一般情况下，只要溶液中 $Fe^{3+} > Fe^{2+}$，并保持 Fe^{3+} 在 200mg/L 以上，就可以获得较好的浸出效果。

为进一步验证 Fe^{3+} 的用量，对圆柱矿样进行试验，表 9-3 为试验结果。

表 9-3   圆柱浸出试验 Fe^{3+} 对浸出效果的影响

编号	浸出剂 H_2SO_4/g·L^{-1}	氧化剂 Fe^{3+}/g·L^{-1}	铀浓度 /mg·L^{-1}	浸出液中 Fe^{2+}/mg·L^{-1}	浸出液中 Fe^{3+}/mg·L^{-1}	剩余酸度 /g·L^{-1}
1	3.6		97	12	0	2.90
2	3.6	0.1	281	102	2	3.46
3	3.6	0.2	525	227	3	3.15
4	3.6	0.3	632	270	79	3.22
5	5.4	0.4	469	165	253	5.18

从表中看出，加入 Fe^{3+} 后浸出液中铀浓度不断升高，但当 Fe^{3+} 增加至 0.4g/L 时，矿石中 4 价铀已全部被氧化成 6 价。这时再增加 Fe^{3+} 对氧化已无任何作用，只能造成氧化剂的浪费。本次圆柱样试验矿样重 87.1kg，品位 0.5%，高 420mm。圆柱样试验持续 50 天，浸出率为 92.75%。

Fe^{3+} 的氧化作用还可从图 9-1 中反映出来[48]。图中给出了 3 种不同矿石搅拌浸出时浸出液铀含量随 Fe^{3+} 浓度变化的典型曲线。从图中看出，在初始阶段浸出液浓度随 Fe^{3+} 增加而迅速增加，增加到一定程度后，曲线变缓。本次试验所用浸出剂为 5g／L 硫酸，浸出时间 18h，温度 28℃。对比 3 条曲线得出，曲线形态和走势与矿石特性无关，不同矿石只是浸出率有变化。地浸采铀过程中 Fe^{3+} 有一最佳浓度，不易过高也不易过低。据国外报道，地浸采铀浸出剂中加入 1g／L $Fe_2(SO_4)_3$ 即可满足 4 价铀的氧化要求。

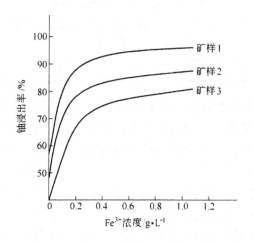

图 9-1　Fe^{3+} 浓度对铀浸出率的影响

9.5　硝酸盐氧化机理与特点

9.5.1　硝酸盐氧化剂氧化机理

地浸中使用的任何一种氧化剂在氧化机理上都可直接氧化铀，但更主要的还是通过 Fe^{3+} 实施氧化铀的作用。因此，对于一种氧化剂，只要它具有将 Fe^{2+} 氧化成 Fe^{3+} 的功能，它便能氧化 U^{4+}。硝酸根中的氮处于高价态，在一定条件下，可被还原成低价态，在酸性条件下硝酸根还原反应的一般式为：

$$NO_3^- + 2H^+ + 2e = NO_2^- + H_2O$$

$$NO_2^- + 8H^+ + 6e = NH_4^+ + 2H_2O$$

通过计算并从化学热力学分析得出，硝酸根具备氧化 Fe^{2+} 的热力学条件，从理论上认为可以将 Fe^{2+} 氧化成 Fe^{3+}。表 9-4 为硝酸盐作氧化剂的浸出结果。从表中看出，不加氧化剂时铀的浸出率明显低于加氧化剂时的浸出率，NO_3^- 作氧化剂浸出效果明显。

表 9-4　硝酸盐作氧化剂浸出结果

浸　出　剂	浸出率/%	浸出周期/d	氧化还原电位/mV
10g/L H_2SO_4	62.5	27	330～350
10g/L H_2SO_4 + 0.8g/L $NaNO_3$	9L.4	27	370～410

地浸矿山使用硝酸盐氧化剂可完全将矿层中 U^{4+} 氧化成 U^{6+}，氧化效果好。而且饱和树脂使用硝酸盐淋洗，利用吸附尾液配制浸出剂，可不必再加任何氧化剂，节约了矿山氧化剂成本。硝酸盐作为氧化剂，矿层浸出过程中 NO_3^- 会在地下水中积累，后期地下水治理困难。对于 NO_3^- 的地下积累问题可通过工艺流程的改进来解决，如采用吸附再吸附、多塔串联移动床长距离淋洗、多塔串联移动床长距离转型等，目的是保持吸附尾液长期循环使用，避免 NO_3^- 积累。这些工艺巧妙地处理吸附和转型之间的衔接，从根本上解决了硝酸盐淋洗工艺硝酸根循环使用和防止在浸出液中的积累问题[49]。

从试验中得出，NO_3^- 质量浓度是影响氧化反应速率的主要因素，质量浓度增加，氧化反应速率加快[50]。图 9-2 所示是 4 种不同浓度 NO_3^- 溶液氧化情况。从图中可明显地看出 NO_3^- 浓度对氧化速率的影响，当 NO_3^- 为 0.2g/L 时氧化还原电位需 100 天才能达到 450mV，而 NO_3^- 为 0.5g/L 时只需 80 天。

表 9-5 是柱浸试验的结果，从表中看出，硝酸根浓度对矿石

用 $NaClO_3$ 作氧化剂的。

9.7 微生物氧化机理与试验

9.7.1 细菌氧化剂的氧化机理

微生物氧化剂即细菌氧化剂。细菌氧化剂在地浸采铀工业生产中虽然尚未有应用实例,但细菌氧化剂的研究无论是从理论、实验室试验还是现场试验都做了大量工作。

微生物浸矿是 20 世纪 50 年代所认识到的,经几十年的研究、应用,对微生物浸矿氧化的机理有了进一步认识,形成了微生物浸出过程的规律和作用原理学说。微生物浸出主要指氧化铁硫杆菌等自养细菌的氧化浸出,通常称为细菌浸出。氧化亚铁硫杆菌是化能自养型细菌,需从空气中摄取氧和二氧化碳。氧化亚铁硫杆菌需参与呼吸作用,同时以二氧化碳为惟一碳源,生成菌体内所有的含碳化合物。

细菌浸出有直接作用、间接作用和复合作用的 3 种说法[51]。直接作用学说认为,细菌可直接浸蚀矿物表面,并在表面留有痕迹。在无 Fe^{3+} 的条件下,细菌有浸矿作用,而并非人们认为的那样,即细菌只能氧化 Fe^{2+},再由 Fe^{3+} 氧化矿石。间接作用学说认为,众多金属矿床中都含有黄铁矿(FeS_2),在自然条件下黄铁矿被缓慢氧化成 $FeSO_4$ 和 H_2SO_4,在有细菌条件下,反应速度加快,最终生成 $Fe_2(SO_4)_3$ 和 H_2SO_4。$Fe_2(SO_4)_3$ 是一种很有效的金属矿物氧化剂,即细菌是通过 Fe^{3+} 起氧化作用的。复合作用学说认为,在细菌氧化过程中,细菌直接作用和通过 Fe^{3+} 的氧化作用同时存在,只是表现在不同阶段,复合作用机理目前被广大研究者所认同,成为细菌氧化机理。鉴于此,微生物浸出仅限于硫化物含量高的矿床。

国外研究结果称,氧化亚铁硫杆菌对硫化矿的氧化速率要比之在天然状态下氧化快 50 万倍[45]。美国新墨西哥州已对能自行再生的微生物氧化剂进行过研究。

近些年又发现一种细菌为 Ferroxifunis bagdadii，形态像多股绳索，其生长迅速，在理想条件下比氧化亚铁硫杆菌快若干倍，能适应 pH 值为 0～9 的范围，在 5℃时每小时可将亚铁氧化成高铁 465mg/L，在 35℃时可达 1g/L，适应温度为 5～55℃，能耐受高浓度的 Cu、Zn、Mo、As、Ag、NH_4^+、Cl^-、CN^-等。

博塞克尔等(1979)曾着重研究过地浸中静水压对氧化亚铁硫杆菌活度的影响，他们称，当地浸中静水压近 690kPa 时，将影响氧化亚铁硫杆菌对黄铁矿的氧化，阻碍细菌活度。

9.7.2 细菌氧化过程

在酸性浸出中，如没有细菌和其它氧化剂的存在，浸出过程中亚铁是稳定的，当注入细菌，即氧化亚铁硫杆菌后，氧化亚铁硫杆菌能把亚铁迅速氧化成高铁。

$$2Fe^{2+} + 2H^+ + \frac{1}{2}O_2 \xrightarrow{\text{细菌}} 2Fe^{3+} + H_2O$$

生成的高铁通过注入井注入矿层，并与矿层中 U^{4+} 作用，将其氧化成 U^{6+}，被氧化后的 U^{6+} 溶于酸性浸出剂中。

$$UO_2 + 2Fe^{3+} \rightarrow UO_2^{2+} + 2Fe^{2+}$$

或 $\quad U^{4+} + 2Fe^{3+} + 2H_2O \Leftrightarrow UO_2^{2+} + 2Fe^{2+} + 4H^+$

细菌作氧化剂主要指细菌对矿石中硫化物(主要为黄铁矿)的氧化，获得所需的能量。

$$4FeS_2 + 15O_2 + 2H_2O \xrightarrow{\text{细菌、能量}} 2Fe_2(SO_4)_3 + 2H_2SO_4$$

此式反应产生的硫酸高铁是一种强氧化剂，可反过来氧化黄铁矿。

$$FeS_2 + 7Fe_2(SO_4)_3 + 8H_2O \rightarrow 15FeSO_4 + 8H_2SO_4$$

$$FeS_2 + Fe_2(SO_4)_3 \rightarrow FeSO_4 + 2S$$

反应产生的硫酸亚铁和硫又可作为能源被细菌氧化为硫酸高铁和硫酸。

$$4FeSO_4 + 2H_2SO_4 \xrightarrow{\text{细菌、能量}} 2Fe_2(SO_4)_3 + 2H_2O$$

$$2S + 3O_2 + 2H_2O \xrightarrow{\text{细菌、能量}} 2H_2SO_4$$

上式产生的硫酸高铁又可氧化更多的黄铁矿。

经研究认为，细菌确实有氧化作用，能将 Fe^{2+} 氧化成 Fe^{3+}，进而氧化 U^{4+}。但是，在利用细菌作氧化剂研究的同时也发现了它的负面影响。1983 年美国在 PB 报告中发表了长达 72 页的"地浸期间细菌引起渗透力降低的研究"报告，当然，引起渗透能力降低的细菌与作为氧化剂的细菌是否同出一类还有待考证。

通常使用的细菌有氧化铁硫杆菌、氧化亚铁硫杆菌，另据介绍，氧化亚铁钩端螺旋杆菌对铀也起氧化作用。

9.7.3 细菌氧化试验

细菌作氧化剂时浸出液经树脂吸附后，吸附尾液进入生物反应器，在反应器中，尾液中亚铁被氧化成高铁，再注入矿层，往复循环，保持细菌氧化的进行。用细菌作氧化剂必须设计建造生物反应器，生物反应器主要用来培养氧化亚铁硫杆菌。近些年来，对细菌作氧化剂在地浸中应用的研究已从实验室试验走向现场扩大试验，并取得了令人满意的结果。实践证明，利用细菌作地浸氧化剂不但能达到氧化的目的，而且对浸出液铀的吸附、淋洗、沉淀等后处理工艺无影响，不影响产品质量。其用量与矿石中黄铁矿、磁黄铁矿和有机质等的含量有关。独联体国家曾在上世纪 90 年代对地浸矿山尾液用细菌进行氧化试验，但最终未能得到现场应用。美国也积极开展细菌氧化剂的研究，力求找到一种价格低廉、有使用价值的细菌。表 9-7 就是在地浸现场试验采用细菌作氧化剂的结果[52]。

表 9-7   细菌氧化剂与过氧化氢氧化剂氧化效果比较

项 目	吸附尾液		氧化后的吸附尾液	
	电位/mV	亚铁浓度/mg·L^{-1}	电位/mV	亚铁浓度/mg·L^{-1}
H_2O_2(0.12g/L)	370~390	约 500	470~510	100~200
停加氧化剂	350~360	约 600	350~360	约 600
细 菌	400~430	约 360	>530	<10

从表中看出，细菌加入后氧化还原电位升高，亚铁浓度降低，其氧化效果与过氧化氢相比并不逊色。另外，室内试验的结果也证实了细菌的氧化效果，见表9-8。用1.0kg矿石，品位0.8%的矿样作细菌与H_2O_2 72h的浸出对比试验，结果表明，细菌得到的浸出率不但不比H_2O_2差，而且还略高于H_2O_2。表中还看出，在不加氧化剂的条件下，6g/L H_2SO_4浸出率也可达40%。图9-3中表明，在细菌加入的半年现场试验中，浸出液铀浓度不断升高；从图9-4看出，浸出液电位逐渐升高，亚铁浓度不断降低。以上分析表明，细菌作氧化剂效果显著。

表9-8 细菌与H_2O_2浸出对比试验结果

氧 化 剂	浸出液体积/mL	浸出液铀浓度/mg·L^{-1}	浸 出 率/%
细 菌	1360	587	99.8
H_2O_2	1362	579	98.6
H_2SO_4	1370	233	39.9

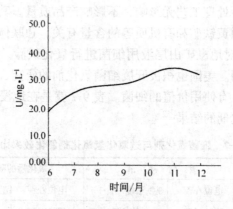

图9-3 浸出液铀浓度随时间变化曲线

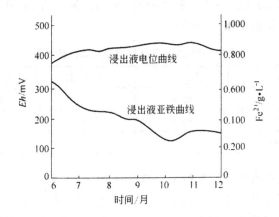

图 9-4　浸出液电位、亚铁浓度随时间变化曲线

9.8　其它氧化剂

除上边介绍的几种地浸采铀试验和生产中常用的氧化剂外，还有一些地浸氧化剂，这些氧化剂不但在实验室应用，而且也不同程度地用在现场试验和工业生产中。

MnO_2 在自然界中存在于软锰矿中，在酸性溶液中它是一种强氧化剂，它氧化 U^{4+} 的反应如下：

$$MnO_2 + U^{4+} = UO_2^{2+} + Mn^{2+}$$

高锰酸钾（$KMnO_4$）也是常用的氧化剂之一。$KMnO_4$ 为红紫色斜方晶系，粒状或针状结晶，密度 2.7，是强氧化剂，在酸性介质中被还原成 Mn^{2+}，在碱性或中性介质中还原为二氧化锰，反应过程中放出氧，广泛用作氧化剂。

空气氧化剂也是这些年投入研究最多的氧化剂之一，实验室试验告诉我们，在 pH 约等于 1 的 H_2SO_4 溶液中，88% 的 Fe^{2+}、100% 的 U^{4+} 可被空气氧化[53]。为证实空气的氧化作用，曾作过对比试验，试验取 150g 矿样，置入 500mL 广口瓶中，加入

0.5%的 H_2SO_4 375mL，氧化剂为 O_2、H_2O_2、MnO_2 和空气[54]。经过试验得出结果，见表9-9。

表 9-9　空气氧化剂氧化效果对比试验结果

氧 化 剂	浸出率/%	氧 化 剂	浸出率/%
O_2	95.0	空　气	97.1
H_2O_2	97.4	H_2SO_4	85.7
MnO_2	92.0		

从表中看出，空气的氧化作用不亚于 O_2 和 MnO_2，浸出率比不加氧化剂高 10% 以上。但以空气作氧化剂注入矿层时，大部分空气停留在孔隙内，会形成气体堵塞，这种气体堵塞主要以难溶的氮的形式存在。

乌兹别克斯坦和哈萨克斯坦在地浸采用工业生产中曾在浸出后期采用空气氧化剂[13]。空气是通过注入管上孔径 $2 \sim 3mm$ 的小孔，由管内液体高速流动产生的负压吸入管内。在浸出前从抽出井与注入井同时注入压缩空气，持续 $2 \sim 3$ 天，含矿含水层地下水水位上升，然后密封 3 天。注入空气前矿层 U^{6+} 是 U^{4+} 的 $3 \sim 4$ 倍，注入空气后，矿层 U^{6+} 是 U^{4+} 的 $10 \sim 15$ 倍。经验得出，只有当注入井注液量不小于 $2 \sim 3m^3/h$ 时才能保持吸入足够的空气中的氧。

另外，$K_2Cr_2O_7$ 也曾作为氧化剂在地浸铀矿山中使用过。

参 考 文 献

1　姚益轩．原地浸出采铀井型初探．铀矿冶，1998.2，10～15

2　H.П.拉维洛夫．多元素矿石的地下浸出．核工业北京地质研究院，2000，234～240

3　王海峰，苏学斌．新疆伊宁地浸矿山井场抽注平衡问题刍议．铀矿冶，1999.3，145～149

4　M.B.舒米林等．地浸铀矿床勘探．核工业二○三所，167～177

5　B.A.格拉博夫尼科夫．溶浸采矿法的地质工艺研究．原子能出版社，1991，65～98

6　王海峰，阙为民，钟平汝．原地浸出采铀技术与实践．北京：原子能出版社，1998，79～85

7　B.И.别列茨基，Л.К.博加特科夫等著．地浸采铀手册．核工业第六研究所科技情报室，2001，266～276

8　阙为民．原地浸出采铀井网密度的确定．核学会2001年学术年会论文集，武汉：2001.11，587～591

9　陶树人编著．技术经济学．经济管理出版社，1998，122～130

10　李世忠主编．钻探工艺学（下册）．北京：地质出版社，1989，76～102

11　汤凤林，A.Г.加里宁，杨学涵主编．岩芯钻探学．武汉：中国地质大学出版社，1997，550～559

12　H.И.切斯诺科夫．强化地浸的方法．核工业第六研究所，126～138

13　张得宽．乌兹别克斯坦乌奇库都克矿原地浸出采铀技术简介．堆浸与地浸，1993.3，13～23

14　王海峰．我国地浸采铀技术的研究与开发．核学会2001年学术年会论文集，武汉：2001.11，448～450

15　王海峰，郭忠德，包成栋．伊宁铀矿511矿床地浸采铀现场试验．铀矿冶，2002.3，20～24

16　王海峰，苏学斌，葛加明．地浸套管的作用与常用套管性能．铀矿开采，2001.1、2，34～39

17　J.I.Skorovarov.前苏联铀矿山的原地浸出．铀矿选冶通讯，北京：铀矿选冶通讯编辑部，1996.1～2，26～29

18　王海峰，苏学斌，霍建党．地浸套管强度计算与质量检查．铀矿开采，2001.3、4，7～11

19　化学工业部化工工艺配管设计技术中心站组织编写．化工管路手册．下册．化学工业出版社，1986.1～3

20 房佩贤，卫中鼎，廖资生编．专门水文地质学．北京：地质出版社，1987. 22~23

21 Wang Haifeng. Discussion on Key Points of Field Test for In-situ Leaching of Uranium. The 13th Pacific Basin Nuclear Conference, Shenzhen, China, October 21~25, 2002

22 王海峰．原地浸出采铀技术的发展．第四届全国矿山采选技术进展报告会，张家界：2001. 10, 86~91

23 王海峰．地浸采铀监测井的设计与监测内容．铀矿开采，2001. 1、2, 1~8

24 Geraghty, Miller. Ground-Water Elements of In-situ Leach Mining of Uranium. Washington: Nuclear Regulatory Commission, 1978, 17~49

25 王海峰．地浸采铀监测井的取样方法与监测结果分析．铀矿冶，2002. 2, 57~61

26 Haq Nawaz Khan, Anwar Ali Abidi. Comparative Study of Leaching Behaviour of Various Leachants in ISL Test on Qubul Khel Uranium Ore Body. Proceedings of a Technical Committee Meeting, Vienna, October 1992, 161~180

27 J. G. Price. 原地浸出采铀工程的典型实例．铀碱法地浸论文汇编．中国核工业总公司矿冶局，1995. 12, 31~42

28 Gavin Mudd. An Environmental Critique of In-Situ Leach Mining. July 1998

29 王海峰．矿床地浸开采评价．溶浸采矿技术资料之一，核工业第六研究所，1998. 10

30 C. Schmidt. 美国怀俄明 Ruth 原地浸出试验地下水的复原与稳定．铀矿选冶通讯，北京：铀矿选冶通讯编辑部，1996. 1~2, 30~43

31 D. W. McCarn. The Crownpoint and Churchrock Uranium Deposits, San Juan Basin, New Mexico: An ISL Mining Perspective. Technical Committee Meeting on Recent Developments in Uranium Resources, Production and Demand, 1997

32 H. J. 科赫．原地溶浸法开采北普拉特铀矿的半工业性试验．铀矿开采，1985. 1, 57~64

33 Southern Cross Resources Australia PTY LTD. Honeymoon Uranium Project. May 2000

34 Southern Cross Resources Australia PTY LTD. Honeymoon Uranium Project Respones Supplement. November 2000, 4-4

35 D. H. Underhill. In-situ Leach Uranium Mining Planning, Operational and Environmental Aspects. IAEA. 1998

36 И. К. 卢切恩科，В. И. 别列茨基，Л. Г. 达维多娃．无井采矿方法(地下浸出法)．核工业第六研究所，1985, 34~67, 132~134

37 胡柏石．地浸钻孔局部扩径技术及提升方式优化研究．中国国防科学技术报告，

核工业第六研究所．1999.4，33～43

38 王海峰，郭忠德．地浸采铀现场试验浸出液铀浓度影响因素分析，金属矿山，2002．增刊

39 赴乌、哈考察组．赴乌兹别克斯坦、哈萨克斯坦进行地浸采铀技术合作考察简况．堆浸与地浸，1993.1，11～17

40 苏学斌，王海峰．地浸溶液中铀的化学状态与应用的工艺技术和它对化学环境的影响，铀矿开采，1997.4，40～47

41 F.W.Devries．浸出剂和现场复原的新技术．铀碱法地浸论文汇编，中国核工业总公司矿冶局，1995.12，54～58

42 张重铭译．含碳酸钙铀矿石的两段地浸工艺．铀矿开采，1992.1，23

43 苏学斌，王海峰．地浸作业中浸出结束点的确定．铀矿冶，1999.5，85～89

44 Su Xuebin, Wang Haifeng, Yao Yixuan. Field Test of ISL Uranium Mining at Shihongtan Deposit in Xinjiang, Recent Development in Urnaium Resources, Production and Demand, with Emphasis on in-situ Leach Mining, Beijing, China, Sept. 18～25, 2002

45 陈炎．地浸期间铀的选择氧化．堆浸与地浸，1993.5，36～40

46 Tweeton D, R.Peterson. A Selection of Lixiviants for in-situ Leach Mining. In-situ Mining Research, Denver, 1981

47 施友善．381 地浸浸出剂的选择和反应．铀矿开采，1992.1，9～16

48 刘国福．新疆 512 矿床原地浸出采铀溶浸液配方的研究及其应用效果．铀矿开采，1995.1，9～14

49 陈祥标．737 水冶厂的发展和新工艺的应用．铀矿开采，1998.4，19～22

50 阙为民，陈祥标．硝酸盐作为酸法地浸氧化剂的研究．铀矿冶，2000.2，24～31

51 《浸矿技术》编委会．浸矿技术．北京：原子能出版社，1994，427～430

52 胡凯光，王清良，刘迎九．381 矿床地浸中细菌代替双氧水试验研究．铀矿开采，1998.3，12～23

53 封国宁，陈红波，谢卫星．地浸液中氧化剂的反应机理研究．铀矿开采，1997.3，77～83

54 封国宁，陈红波．氧化剂对地浸采铀矿样的室内试验．铀矿冶，1996.1，38～44